刚刚撞到
什么了？
F=ma!
救小猫
的命啊！！

开心学习系列

物理原来可以这样学

（韩）孙永云 著　（韩）元惠填 绘　陈　钰 译

九州出版社
JIUZHOUPRESS
全国百佳图书出版单位

著作权合同登记号:图字01-2010-6058号
本书由韩国文学墙出版社授权,独家出版中文简体字版

图书在版编目(CIP)数据
物理原来可以这样学/(韩)孙永云著;(韩)元惠填绘;陈钰译.
-北京:九州出版社, 2010.12(2022.3 重印)
(“读·品·悟”开心学习系列)
ISBN 978-7-5108-0781-7
Ⅰ.①物… Ⅱ.①孙… ②元… ③陈… Ⅲ.①物理学
-青少年读物 Ⅳ.①O4-49
中国版本图书馆CIP数据核字(2010)第257133号

物理原来可以这样学

作　　者　(韩)孙永云 著　(韩)元惠填 绘　陈　钰 译
出版发行　九州出版社
地　　址　北京市西城区阜外大街甲35号(100037)
发行电话　(010)68992190/2/3/5/6
网　　址　www.jiuzhoupress.com
电子信箱　jiuzhou@jiuzhoupress.com
印　　刷　天津新华印务有限公司
开　　本　710毫米×1000毫米　16开
印　　张　12
字　　数　140千字
版　　次　2011年3月第1版
印　　次　2022年3月第3次印刷
书　　号　ISBN 978-7-5108-0781-7
定　　价　45.00元

用身边有趣的故事来学习物理

我在学校里教了27年的科学知识，在这个过程中我比谁都要清楚学生对科学这一科目保持着什么样的想法。对于学生来说，科学是丰富多彩的，又充满了神奇的探究活动，这也激起了他们浓厚的好奇心，从而使他们更认真地学习科学，但是随着年级的增长，他们会渐渐地感觉到学习科学的压力，从而渐渐敬而远之。

这是因为我们的学生大多并不是通过对科学基本概念和原理的理解来学习科学的，而是通过死记硬背的方式进行学习而已。虽然随着年级的增长，科学会逐渐变得困难并让人产生压力，但是学好科学的方法，而且是有趣地学习科学的方法是绝对存在的。

学习科学最重要的秘诀就是对基础概念和原理的理解，《物理原来可以这样学》中筛选出了那些对理解物理至关重要的概念，通过“生活中的物理故事”来让大家熟悉了解这些概念。打个比方说，用足球拉拉队“红魔”的名字来说明“光的种类”；用艺人吸了氦气之后说话怪声怪气的例子来说明“声音的特性”；另外“韩国短道速滑选手之所以比其他国家选手突出是因为个子比外国人矮的缘故”，用这样的例子来说明“惯性定律”；用《格列佛游记》中的故事来说明“磁力”等。

像这样我会通过大家熟悉的身边的故事来举例说明，不需要死记硬背也能掌握物理学中难懂的概念和原理，这些整理好的概念将通过

“开心课堂”再一次进行明确说明，只要读了这本书，大家就能自然而然地掌握物理学概念了。像这样能够轻松了解并熟悉概念和原理，就再也不需要那些死记硬背的学习方法了。

另外，在本书每个主题的最后还有一个“科学抢先看”部分，这里会添加3~4个叙述型问题，这也是学校考试中常见的题型，所以这也是一本为考试而备战的书。叙述型问题的比率之所以会提高，就是为了改变大家通过死记硬背的方式来掌握概念和原理的学习方法，指引大家通过理解的方式来学习，而这对以后大学所实施的论述型问题的学习也能够打下坚实的基础。

举例来说，在“功的原理”部分中学习过滑轮或杠杆之后，会出现的叙述型问题是“利用游乐园的跷跷板就能计算出朋友的体重，请简单说明这一原理”。若是能解出这道题，大家就能很轻松地理解物理中“功的原理”具体是运用在何处，又是运用了什么样的原理。

学习物理要针对不同阶段采取不同形式的教育方法，因此若是青少年没有很好地掌握物理的概念和原理，进入大学后的物理学习就会显得异常艰难。如果不管你多努力学习，物理成绩还是提不上去，或是总因为物理成绩拉低自己的平均成绩，你就得思考一下，是不是自己对于物理概念的认识和理解出了差错。《物理原来可以这样学》之所以如此重要就在于这个原因，我们希望大家都能通过有趣的故事而轻松地掌握物理中的概念和原理，这将为大家日后的物理学习奠定坚实的基础。

（韩）孙永云

contents 

第一章 光

第三章　波动

第四章　运动

第一章

光

★光的色散　　光有哪些种类

★光的反射　　光线可以穿透任何一种玻璃吗

★光的折射　　光线弯曲的原理是什么

★面镜和透镜　　在面镜和透镜中光扮演了什么角色

▶▶ 光的色散

光有哪些种类

太阳发出的光，将我们的地球打扮得色彩斑斓，有红花绿草，有碧水蓝天，有五颜六色的房屋，当然，还有乌黑的黑板……

假设 没有可见光的话，植物就无法进行光合作用了，那么地球又会变成什么样子呢？

生活中的物理故事 1

为什么草地是绿色的

在明亮的绿色草地上，当看到白色的足球被射进球门的那一刻，我们总会觉得那个场面如幻想一样美丽。但如果足球场的草地是红色的话又会是什么样子呢？如果草地是红色，韩国国家代表队选手的队服就不会和现在一样以红色为主了，估计到时候“红魔”这个拉拉队的名字也得重起了，全韩国就不再是红色的海洋，而得换种颜色再次激情澎湃了，这时候不免让人觉得足球场的草地幸亏是绿色的。

足球场的草地之所以是绿色的，是因为植物进行光合作用的关系。植物要进行光合作用就需要有叶绿素，而叶绿素是不吸收绿色光反而将其反射出来的，所以整片草地看上去就是绿色的，这适用于世界上存在的绝大多数植物。

足球场

那么，为什么大部分植物的叶子都是绿色的呢？明明还有红色、黄色、紫色之类的颜色啊！这是因为植物了解太阳光的真实面目。

实际上，地球上最早利用光合作用的植物生活在海洋里。因为能够照射进海洋里的光很少，所以植物会把所有颜色的光全部吸收用来进行光合作用，因此，植物的颜色是暗色的。后来，海洋变成了陆地，光线充足起来，如果植物全部吸收这些光线就会被灼伤，于是绿光没被吸收利用。

其中的原因就在于光的特性，在光线中，可见光有着丰富多彩的颜色，从红色到紫色。植物叶子的叶绿体中含有叶绿素和叶黄素等色素，在进行光合作用的时候，这些色素会吸收红光、蓝紫光和蓝光、蓝绿光，而对绿光吸收最少。这样，绿光便被反射出来，所以我们看到的植物就是绿色的了。

生活中的物理故事 2

为什么非洲人的皮肤是黑色的

我们通常将生活在地球上的人，按照皮肤的颜色进行分类，大体上分为黑种人、黄种人、白种人这三类，但是仔细看我们就会发

现，人类皮肤的颜色其实是多种多样的。

举例来说，我们可以看一下代表白种人的高加索人。早在人类发明文字之前，他们就已经在地球上生活了，范围从北极圈附近的挪威一直扩散到赤道附近的斯里兰卡。

然而，随着岁月的流逝，他们渐渐形成了从粉红色到黑色的多种多样的肤色。虽然最初他们都是白皮肤的白种人，但是现在却拥有着不同的肤色。

人为什么会出现这种肤色不同的现象呢？这与气候有着相当大的关联，生活在阴天居多的北欧地区的高加索人依然拥有着苍白的皮肤，而生活在日照丰富的赤道附近的高加索人的肤色就变得比较黝黑，头发以及眼睛的颜色也都会随着肤色的变化而发生变化。

人类之所以会因为气候而产生不同的肤色，其根本原因在于光，特别是紫外线的影响。

长久以来，人类一直在吸收着那些产生维生素 D 所必需的紫外线，而那些多余的紫外线则被阻隔在外，从而形成了现如今这种适合我们的皮肤颜色，可以说人类从紫外线那里学会了保护身体的智慧。

决定人类肤色进化的“主角”是我们皮肤中含量不到 1g 的黑色素，黑色素起着阻隔紫外线的作用，所以对于生活在紫外线丰富地区的人来说，他们的皮肤中就有很多阻隔紫外线的黑色素，因此他们肤色也是黑色的。白种人的皮肤中含有的黑色素较少，所以，如今生活在澳大利亚和新西兰这种紫外线丰富地区的白人一直受着皮肤癌等病症的困扰，而他们之所以会特别担心臭氧层的破坏也是因为其身体内黑色素含量不足。

开心课堂

揭开太阳光的真实面目

●●唤醒地球的可见光

虽然我们用肉眼看到的太阳光只有白光这一种，但实际上太阳光是由很多种色光混合在一起的。如果让太阳光穿过三棱镜，我们就能很好地认识和理解这一点了。太阳光在穿过三棱镜之后就会被分成华丽的彩虹色，像这样人眼能够看到的光叫做可见光。

可见光的波长范围虽然各不相同，但大体上在 770 纳米 ~390 纳米之间。波长不同，可见光也会呈现出多种不同的颜色。红色的波长为 770 纳米 ~660 纳米，紫色为 455 纳米 ~390 纳米。在透过大气层到达地表的太阳光之中，可见光区域内所含有的光线量是最多的，因此人眼可以很容易地区分出各种颜色。

三棱镜

太阳光穿过三棱镜后就会形成彩虹的颜色

地球上的生命体和可见光的关系尤为密切，因为有了可见光，这个世界才出现了各种颜色的花和动物，最为重要的是位于食物链最底层的植物可以完成光合作用了，所以可以说地球上的生命体都是依赖光而生存的。

●●利用紫外线和红外线来寻找食物的生物

太阳光中除了可见光之外还有很多种类的光线，例如红外线、紫外线、X 射线、γ 射线、无线电波等，可见光只不过是这其中的一部分而已。大家是头一次听说太阳光中还有这么多种类的光线吧，如果想要对这些光线进行一一说明的话，估计一整本书都不够写的，所以在此就简单地给大家介绍一下这其中我们最为熟悉的紫外线和红外线吧。

人们的肤色因为紫外线的存在而变得各不相同，这种光线存在于紫色光之外，是一种人眼无法看到的光线，于 1801 年第一次被人们发现。紫外线能够产生强烈的化学作用，会对细胞造成一定的破坏，因此夏天我们要是在海边待的时间过长，就会因为紫外线的关

系使我们的皮肤被晒伤而变成红色。

另外，阳光好的时候我们之所以会将被子拿到外面去晾晒，也是想要借助紫外线的威力来给被子杀菌或驱虫。类似的例子还有学校食堂设施中的紫外线杀菌器，同样也是利用了这一原理。

虽然人眼完全看不到紫外线，但是蝴蝶和蜜蜂的眼睛却有着感知紫外线的能力。因此，即使在被厚厚云层遮住阳光的阴天里，蝴蝶和蜜蜂也能轻易地找到花蜜。

利用紫外线寻找花蜜的蝴蝶

移动中的蛇

蛇的头部有能感知红外线的感觉器官

可见光红色光以外的光线叫做红外线，同样也是我们人眼无法看到的一种光线。红外线被发现于1802年。

因为它具有热作用，因此又被称为红外热辐射。我们在用遥控器打开电视或转换频道的时候应用到的就是红外线，另外，人们还会利用红外线感应器来抓贼。

与紫外线相同，红外线也是人眼无法感知的，但是蛇却用红外线“看到”了世界的另外一番景象，因此即使是在漆黑的夜晚，蛇也能准确地找到猎物所处的位置。

●●能够观察到骨骼的 X 射线

在人眼看不到的光中，有一种 X 射线，当人骨折的时候这种光线可以用来观察骨折的情况。X 射线，是在 1895 年被一个叫伦琴的德国科学家首次发现的。因为伦琴觉得大家对这个光线不甚了解，因此用了“X”这个字母将其命名为 X 射线。因为发现了 X 射线，伦琴在 1901 年成为第一位获得诺贝尔物理学奖的科学家。

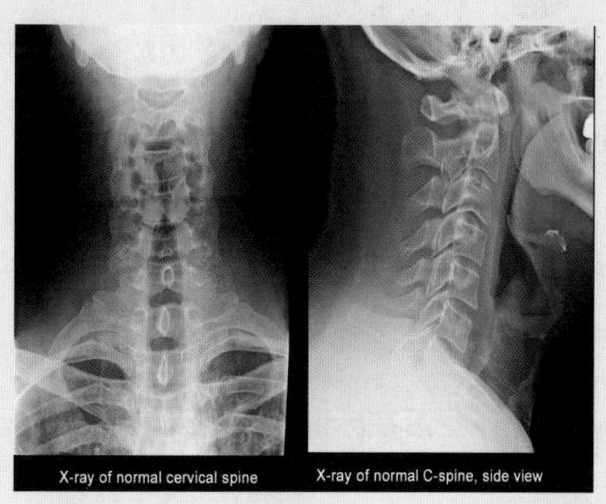

用X射线拍摄出的人骨照片

伦琴发现的 X 射线首先在医学界获得了热烈的反响，因为 X 射线的穿透性突出，在穿透人身体等方面非常有成效；X 射线给科学界也带来了很大的变化，因为 X 射线的发现，人们还发现了放射线，这也成为日后人们了解原子世界的契机，因此科学家们将 X 射线的发现称为“20 世纪物理学革命的起点”。

科学抢先看

关于光的种类的叙述型问题

生活在地球上的植物的茎和叶大部分都是绿色的，这是为什么呢？

植物中含有的叶绿素、胡萝卜素和叶黄素等色素能分别吸收不同颜色的光进行光合作用。自然中，绝大多数植物叶子含叶绿素最多，所以植物的叶子一般都是呈现绿色的。因为其对绿光吸收最少，可以使绿光反射出去。被吸收的光我们看不见，反射出来的光才能被我们看见。

生活在赤道附近的人们的皮肤是黑色的，这是为什么呢？

人体内有一种决定肤色的黑色素，黑色素起着阻隔紫外线的作用。赤道附近地区的光照比其他地方强，紫外线的含量也多，生活在那里的人们为了更好的保护自己，就会适应性的多产生些黑色素，从而形成了黑色的皮肤。

厨房中使用的微波炉是通过微波来加热食物的，请解释一下它的原理。

微波是一种波长很长的电磁波，它可以在 1 秒钟内将含在食物内的水分子摇晃 24 亿 5000 万次左右，在水分子摩擦的过程中所产生的热就起到了加热食物的作用，因此如果将完全没有水分的食物放入微波炉里，食物是不会被加热的。

▶▶ 光的反射

光线可以穿透任何一种玻璃吗

我们生活中使用到的玻璃窗种类繁多，除了内外透明的普通玻璃外，还有能从里面看到外面却不能从外面看见里面的玻璃窗、半透明的玻璃窗，等等。

假设 玻璃窗的种类并不多，只有一种能让太阳光穿透的玻璃窗，那么，生活中会有哪些不方便的地方呢？

生活中的物理故事 1

电影中的特殊玻璃窗都有什么功能呢

在梅尔· 吉普森和李连杰出演的电影《致命武器 4》中有这样一个场景，梅尔· 吉普森打碎了餐厅的特殊玻璃窗，这块特殊的玻璃窗位于餐厅和办公室之间，虽然从办公室里能够清楚地看到餐厅的情况，但是从餐厅中却

电影中的特殊玻璃窗

看起来有点亮的那个就是梅尔 · 吉普森打碎特殊玻璃窗的地方

看不到办公室里的情况，但这块玻璃窗看起来就像是一块一般的镜子一样。像这种里面看得见外面，外面却看不见里面的玻璃窗，英语叫做“One-way Mirror”，意指只能从一边看的镜子。那么，这种特殊的玻璃窗为什么只能从一边看呢？

我们还经常在电影中审问犯罪嫌疑人的场景里看到这种特殊的玻璃窗，站在外面的检察官看着审讯室里的犯人，通过犯人眼神和表情的变化来判断犯人是否说了真话；或者他们会让其他的证人来看犯罪嫌疑人，辨认其是否是罪犯。

生活中的物理故事 2

小汽车上也有特殊玻璃窗吗

我们偶尔会看到那些电视或电影明星乘坐在高档的小汽车里，但大部分情况下，我们是无法透过那些车的玻璃窗看到里面的，因

从外面看车窗

从明亮的外面看不清相对黑暗的车内

从里面看车窗

从相对黑暗的车内能看清明亮的外面

此我们也会有这样的好奇："那车里的人到底在干什么呢？"或者"从里面能看清楚外面吗？"

不过，后一点大家根本无须担心，在小汽车里面能够很清楚地看到外面的景象，这和电影里特殊玻璃窗的原理相同，虽然小汽车刚生产完成的时候车窗只是用一般的玻璃制作的，但后来人们又在车窗上加上了一层能够反射光线的薄膜，因此才会出现这种从外面看不到里面的情形。

开心课堂

审讯室窗子的秘密

●●运用了光的反射原理的特殊玻璃窗

用“特殊玻璃窗”这样的词语，大家是不是就觉得有点生疏难懂了呢？但是等你理解了原理之后就会发现这其实没什么特别的。我们一般家庭中所使用的镜子都是在玻璃的一面镀上一层银等金属而制成的，与之相比，特殊的玻璃窗只不过将那层金属做得特别薄而已。在这里，人们运用“光的反射”原理，使得特殊的玻璃窗能比一般的镜子反射出更少量的光。

不妨让我们先来了解一下什么是“光的反射”吧？光的反射指的是当光线在直线前进的过程中，因遇到物体而不能通过时发生的折回现象。此时碰撞物体之前的光线称为“入射光线”，碰撞之后折回的光线称为“反射光线”，在光线与物体碰撞的点处，那条与

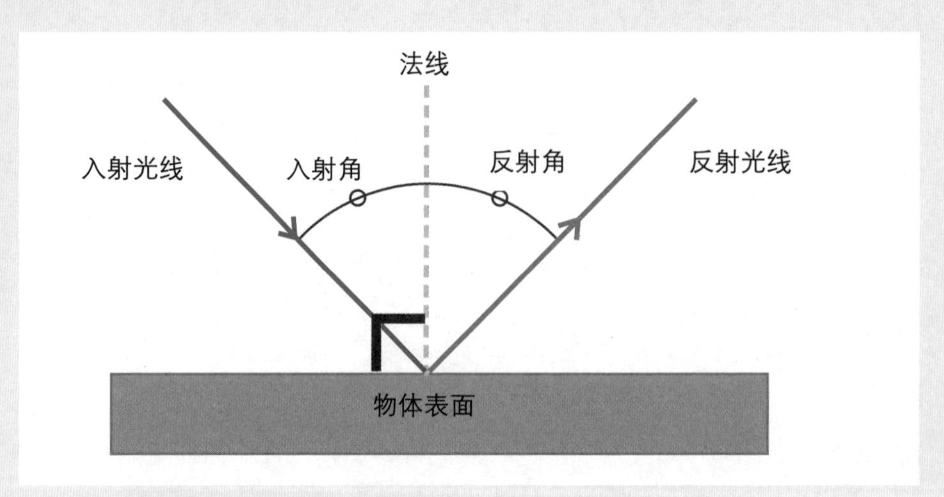

物体表面垂直的线称为“法线”，入射光线和法线形成的角叫做“入射角”，反射光线和法线形成的角叫“反射角”，就像是临摹一样，入射光线和反射光线与法线所形成的入射角和反射角总是一致的，这就是“光的反射定律”。

根据入射光线所碰触到的物体性质的不同，光线有时会全部通过，有时会部分通过，还有时根本就无法通过，此时根据光线通过的量的不同，我们有时能看清物体，有时就会看不清物体。

举例来说，干净的玻璃窗能很好地让光线穿过，穿过的光线会在玻璃对面的物体上进行反射并重新折回到我们的眼里，因此我们才能看到物体。我们之所以能看到物体就是因为反射到眼里的光线对我们眼睛里的感官细胞进行了刺激。但是如果玻璃很脏，光线无法穿透的话，得以反射折回的光线量就会大大减少，因此我们就会看到比较模糊的景象。

是不是觉得这话听起来似懂非懂呢？如果大家能仔细想想平常生活中的经历，就能很容易理解这一点了。现在就请坐在自己的房间里，透过玻璃窗看看外面的世界，好好想一想吧。

在白天，当我们从屋里往外看时会看得很清晰，相反从外面往屋里看时却看得不是很清晰，相信大家都有过这样的经历。另外，大家也应该知道，在晚上，当我们从屋里往外看时会看不清，而此时从外面往屋里看却看得很清楚，所以人们白天是不会拉上窗帘的，只会在晚上拉上窗帘从而达到保护自己的目的。

为什么会出现这种现象呢？这也是光的反射所带来的结果。因为光的反射量的不同，屋里和屋外看起来才会有所差异，反射的光线量相对比较多的地方就会看得比较清楚。在明亮的白天，外面的物体会反射出更多量的光，所以比起较暗的屋子来，外面的世界会看得更清楚；而到了晚上，因为屋里有电灯的缘故，就会比外面反射出更多的光，所以屋里才会看得更清楚。正是因为这样的原因，电影院里才会设置得比较昏暗，如果电影院里亮堂堂的话，那估计打在大屏幕上的画面就看不清楚了。

好，那现在我们要来重新想想电影里出现的特殊玻璃。首先的问题是，检察官所在的外面和犯人所在的审讯室，哪一边更为明亮呢？只要你仔细观察就能立刻得到答案。因为电灯的关系，审讯室非常明亮，然而外面却是比较黑的，所以通过特殊的玻璃，从审讯室里射出的光线量要比从外面射进审讯室里的量多得多，因此外面能很清楚地看见里面，而审讯室里却看不清外面的情况，只能看到镜子里照出的自己的模样。

电影《致命武器 4》中特殊玻璃的设置也是同样的原理，因为办公室比餐厅要昏暗，所以从办公室能很清楚地看到餐厅里的一举一动，而从餐厅却无法看到办公室里的情况。

科学抢先看

关于光的反射的叙述型问题

“光的反射定律”是什么？请做出简单解答。

在反射现象中，反射光线、入射光线和法线都在同一个平面内，反射光线和入射光线分居在法线的两侧，入射角等于反射角，这就是光的反射定律。

仔细观察咖啡店和酒馆之类的地方，你会发现有些玻璃窗是黑色的，这种玻璃使人能够从室内看清外面，却无法从外面看清室内。请说明一下这种玻璃窗的结构。

特殊玻璃窗是用反射率不高的镜子和颜色昏暗的玻璃结合制成的。这种玻璃窗上使用了非常薄的铝制金属膜，以降低其反射率，阻挡一部分光线的穿透，再黏在昏暗的玻璃上之后，就会使得玻璃窗整体看上去比较昏暗。这样的话，从光线较暗的室内就能看到外面明亮的世界，而从外面却无法看清里面的人。

在光线明媚的白天，从屋外透过窗子却看不清屋里的情况，这是为什么呢？

我们在观看事物的时候，需要有足够量的光。在光线明媚的白天，以窗户为界，比较一下屋里和屋外就会发现，外面因为有太阳光的原因，光线很充足，所以事物能够得到很好的反射，而屋里光线却相对不足，因此事物反射得也不够充分。所以从光线充足的外面就很难看清光线不足的屋内的情况，而从光线不足的屋里却能看清楚光线充足的外面的世界。但到了晚上，这种情况则是相反的。

▶▶ 光的折射

光线弯曲的原理是什么

有一种比人还要聪明的鱼——射水鱼，它在水里进行捕猎时会考虑到光折射的性质。

假设 有一天光突然不发生折射了，射水鱼就抓不到猎物了吗？估计那些为了看海市蜃楼而走向沙漠的游人，在听说海市蜃楼不见了的消息之后也会浑身无力的。

生活中的物理故事 1

射水鱼知道“光的活动”吗

射水鱼在捕猎

射水鱼大多生活在印度洋到太平洋一带的热带沿海以及江河中，看它的名字就知道这种鱼射水的功夫了得。我们知道大部分的鱼都只是吃生活在水里的食物，而射水鱼却比较特别，它们会抓那些栖息在水边水草上的昆虫来吃。

惊人的是，射水鱼分明是在水里捕猎的，但是它射出的水却几乎没有失手过，即使是在射出了长达 3 米的远距离时它们也能

瞄准猎物。要知道，当从水里看向水面外的时候，因为存在光线折射现象，所以看到物体的位置并不准确，那么，射水鱼究竟是如何如此准确地捕猎的呢？

这个秘密就在射水鱼射水捉昆虫的位置上，从上图可以看到，射水鱼发现水面外有昆虫的时候，并不会在倾斜的角度处射水。它会静静地靠近，在与昆虫垂直的水下往上射水。射水鱼之所以这么做的原因其实很简单，因为在倾斜的角度处所看到的昆虫位置和昆虫的实际位置是不同的。这一点就如上图所画的一样，在上图中，实际上昆虫是在树枝末端的位置，而因为光线在水中会发生折射，所看到的昆虫位置会比其实际位置要偏上一点，准确掌握昆虫的位置并不是件容易的事情，因此射水鱼会游到昆虫的正下方，再往上射水。

当然，射水鱼并没有为了能够准确掌握昆虫所在的位置，而去鱼儿学校的物理课学习光的折射定律，这种能力是在自然中获得的，随着不断进化的过程而得到进一步的发展。

生活中的物理故事 2

为什么会产生海市蜃楼

1798 年，远征埃及的拿破仑的士兵们在沙漠中经历了一件神奇的事情，他们正艰难地走在沙漠上，炙热的太阳照耀着滚烫的沙漠，突然士兵们的眼前出现了椰子树和凉爽的绿洲，但是当他们走进原以为有绿洲的地方时，却发现绿洲并没有出现，看到这样的奇怪现象却又搞不懂原因的士兵们陷入了一片混乱之中。士兵中甚至有传闻说这是埃及幽灵在捣鬼，一时间这件奇怪的事被炒得沸沸扬扬。

拿破仑的士兵中有一位叫孟奇的人，他解释说这是因为地表存在灼热的空气才会产生的现象，后来他又用自己的名字称这种现象为“孟奇现象”。

在东方，人们称孟奇现象为“海市蜃楼”。“海市蜃楼”是中国汉字里的词语，“蜃”是一种人们想象中的动物，意思就是说当它

因为光的折射而产生的海市蜃楼现象

在吐气的时候就会出现这些神秘的楼阁。因此海市蜃楼实际上是在什么都没有的状态下还能看到一些物体的现象。

为什么会产生这种现象呢？这是因为当光线经过热空气以及相对比较冷的空气之间的时候，光线发生了折射而引起的。

现在，当有人说在沙漠中看见远处有仙人掌的时候，如果此时沙漠地表的温度和平常气温相似的话，那么仙人掌就可能在他所看到的地方；但如果沙漠地表的温度极度灼热，那就是产生了海市蜃楼的现象，仙人掌的景象就会出现在比其本身位置要靠前的地方，而且看起来是倒置的。不妨让我们来看看这其中的原因吧？

首先，当位于地表附近的空气温度很高，而比其更高的空气的温度相对比较低的时候，由于空气的热胀冷缩，上面空气和下面空气的密度就会有所不同。在密度比较小的地方，空气分子之间分散得比较开，光也会穿透得比较快；相反密度相对较大的地方，空气分子会聚集得比较紧密，光穿透的速度多少会有些减慢。因此光线在通过地表附近密度较小的热空气时，速度要比穿透上层空气时来得快，光线的方向就会发生弯折。

海市蜃楼现象并不是只有在沙漠中才能看到，我们在阳光肆虐的夏天的下午，偶尔会看到被烤热的沥青路上出现了一些水坑，但是走近一瞧却发现水坑突然就消失了踪迹。

开心课堂

水杯里的吸管看起来弯折的原因

●●因为光速的差异而产生光的折射

当光从一种介质斜射入另一种介质时，光的传播方向发生偏折，这种现象叫做光的折射。光之所以会在不同介质里发生折射现象是因为光速发生了变化（真空中光速约为 3×10^8m/s，但在其他介质中光速要慢一些）。

我们先来看看下图中的一些用语，与水面相垂直的那条线叫做法线，法线和入射光线所形成的角为入射角，而折射光线和法线形成的角就是折射角。

光线斜射入水下时，大家可以看到光线的方向也会发生弯折吧。这是因为水的密度要大于空气的密度，所以当光线进入的时候速度会有所减慢。请大家想象一下手推车，如果左边的轮子转得慢一点儿，右边的轮子转得快一点儿的话，手推车就会转向左边了吧？这和光线进入水里会发生弯折其实是一个道理，因为从空气进入水里的光线，速度会慢慢降低，所以光线在进入水里时方向就发生了弯折。

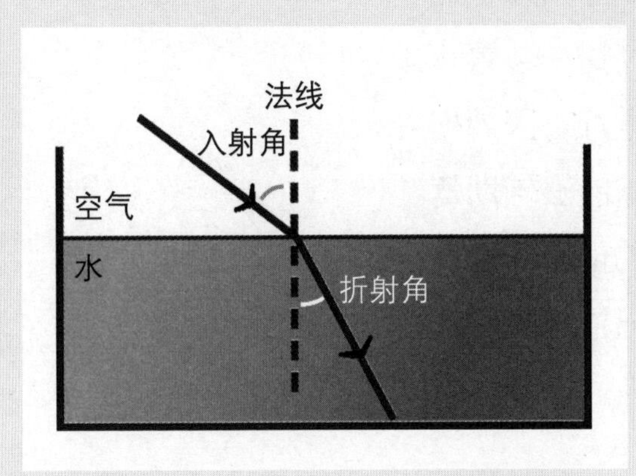

光的折射

请大家看一看右图，当光线从空气进入水中时，入射角要比折射角大；相反当光线从水中进入空气中时，入射角会比折射角小。（**这一内容会经常出现在考试中，请大家一定要记好！**）

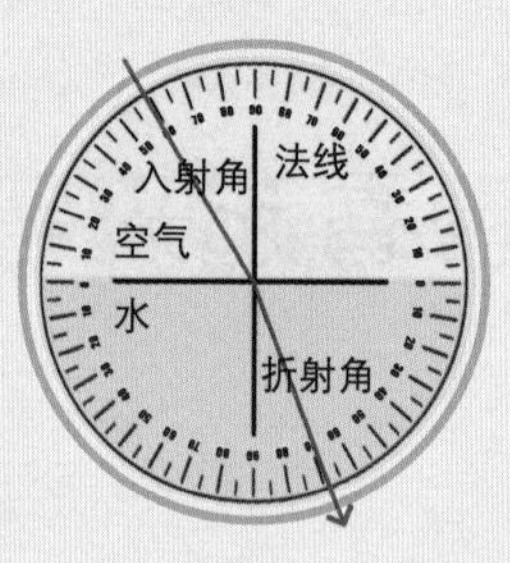

光从空气进入水中时

光从水中进入空气中时

像这样光线在进入水中时发生折射的现象在我们周围有很多。放在装有水的杯子里的筷子看起来是弯折的；在水杯里的硬币看起来要在它本身的位置之上；水里鱼儿的位置看起来也不一样，这一切都是因为光的折射现象而产生的。另外，在沙漠或是海上所产生的海市蜃楼现象也是同样的道理。

夜空中的星星看起来是一闪一闪的，这也是光的折射现象。当星光经过地球大气层的时候发生了折射，此时由于大气的流动，星星看起来就会一闪一闪的。

光的折射还常常发生在起了大雾的道路上，这个时候往往会导致驾驶员们无法正确判断物体的准确位置，从而引发交通事故，正因如此，才有了雾灯这一装置。雾灯使用的是发出橙色光的电灯，因为橙色光的折射程度相对比较小，能够辅助驾驶员们准确地判断物体所处的位置。街道两旁的路灯之所以会使用发出橙色光的灯也是因为相同的原因。

水中看起来弯折的吸管

科学抢先看

关于光的折射的叙述型问题

北极地区会产生下图中出现的海市蜃楼现象，此时看到的景象会与沙漠中的海市蜃楼相反，景象会倒置在天空中，请说明这一现象的原因。

在北极地区会发生与沙漠地区正好相反的海市蜃楼现象，这是因为在北极地区，下层的空气温度比上层空气温度相对要低，因此船看起来是倒置在天空中的。

如下图，将硬币放在杯中，放在眼前看的时候看得不是很清楚，但是倒入水之后就能清楚地看见硬币了，请简单说明原因。

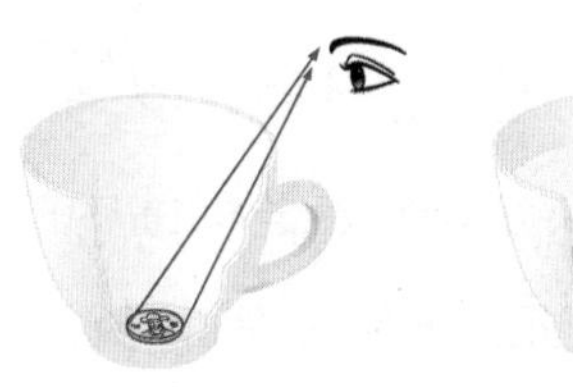

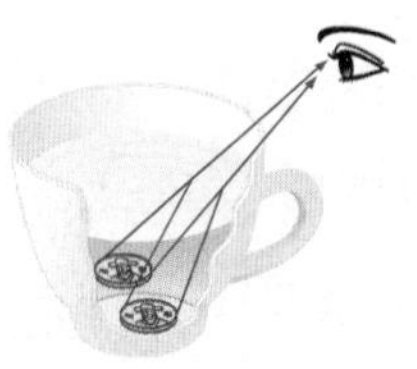

如图所示，杯中倒入水之后会发生光的折射现象，所以硬币看起来要在其本身位置之上，这样我们就能更清楚地看到硬币了。

▶▶ 面镜和透镜

在面镜和透镜中光扮演了什么角色

请大家想象一下自己被放逐到无人岛的情景，想要点火却没有火柴，也没有打火机。

假设 大家都戴着厚厚的凸透镜眼镜，就太棒了吧？好，吃饭时用勺子的前后照照自己的模样，有什么区别，为什么会是这个样子呢？

生活中的物理故事 1

就算没有火柴也能烧着木船吗

公元前 212 年左右，在罗马舰队包围并攻击西西里岛城市叙拉古的时候，古希腊的科学家阿基米德利用镜子积聚太阳光烧毁了罗马的船只，给罗马军队造成了很大的损伤。有历史记录说，罗马军队统帅对阿基米德制作的武器发出感叹，称“阿基米德是神话中的百手巨人”。那么，用镜子所反射的太阳光真的能将木船烧着吗？

美国麻省理工学院（MIT）的大学生们曾经亲自做了这一实验，究竟阿基米德的“镜子武器”在现实中是否真的可行，这一度成为当时的话题。在这之前，科学家们大都认为阿基米德的镜子武器就是个神话中出现的虚无缥缈的故事，而充满实验精神的年轻大学生们要通过实验来确认这件事是否能够实现。

他们总共使用了127面镜子，这些镜子的规格为30 cm × 30 cm，他们成功地将距离30 m远的罗马舰队的模型船只烧着了。他们的舰船模型材质和涂漆颜色完全参照了历史记录，当时他们所制作的模型燃起了火焰，因此他们证明了阿基米德的“镜子武器”并不是荒诞无稽的。

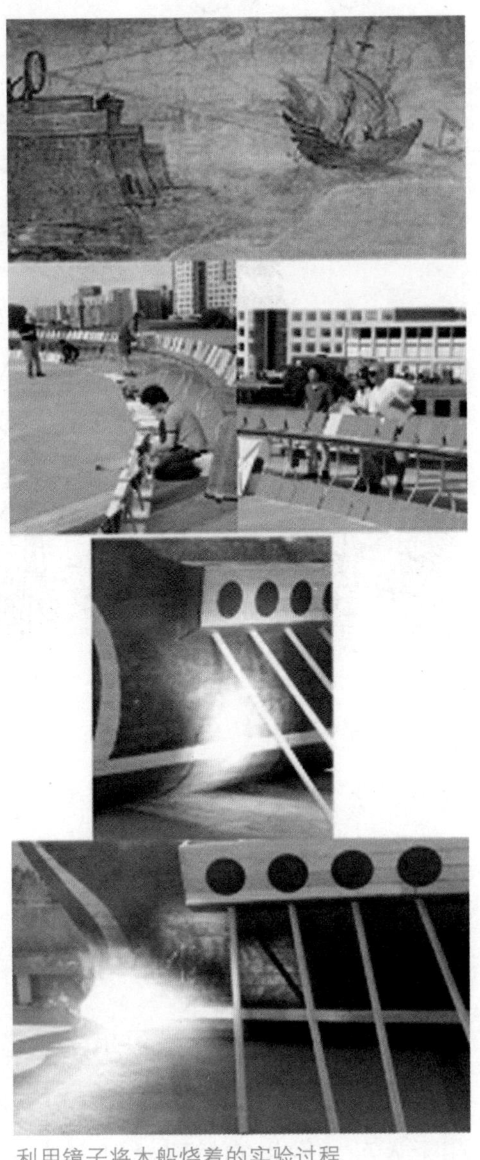

利用镜子将木船烧着的实验过程

当然，这个实验和阿基米德的镜子武器还是有差异的，MIT的大学生们在实验中使用的是平面镜，而阿基米德在叙拉古军队里使用的是用铜制作的巨大的凹面镜。如果在这个实验中用凹面镜代替平面镜的话会有什么结果呢？看来只有亲自试验了才会得出结论。

但如果不使用平面镜，而是使用大小和个数相同的凹面镜来进行实验，那么烧着木船所需的时间会更短，因为凹面镜比平面镜的聚光性能要强得多。

生活中的物理故事 2

只用水和塑料袋能点着火吗

根据获得 1983 年诺贝尔文学奖的威廉· 戈尔丁的小说改编的电影《蝇王》(*Lord Of The Flies*)，通过讲述因为战争一群少年被困在无人岛后发生的故事，真实地表现出了人性的问题。在故事中，这些少年最终分为两派，一派是以拉尔夫为代表的理性派，而另一派是以杰克为中心的野性派。有一天他们为了一副眼镜打了起来，最终杰克手下的人抢走了拉尔夫这边一个少年的眼镜。

少年们之所以为了争抢眼镜而打得不可开交，就是因为在无人岛上眼镜是非常珍贵的工具。因为这个少年是远视眼，所以他戴的眼镜镜片是很厚的凸透镜。我们知道凸透镜对光具有会聚作用，可以使穿过凸透镜的光会聚于一点，这对点火来说是非常重要的。

在《鲁滨孙漂流记》这本书中有这样的描述，当缺少老花镜或凸透镜眼镜时，可以用水做成的凸透镜让干草着火。也就是说用塑料袋装满水做成半球形之后，光线通过就能点着火了。

我虽然也曾想过，用这种方法真的能点着火吗？但后来觉得在太阳光非常强的无人岛上这也是很有可能的。有的时候塑料大棚里还会发生不明火灾，有的可能就是因为下过雨后，塑料大棚上方部分会有积水，当太阳光晒到那里的时候，此时形成的水镜片就会聚光，最终导致大棚里的东西受热而着火。

开心课堂

用来聚集光线的凹面镜和凸透镜

●●凹面镜和凸面镜

根据模样的不同，镜子可以分为凹面镜和凸面镜。大家可以进行这样的联想：如同姐姐苗条的腰部一样凹陷进去的镜子是凹面镜，而像爸爸的肚子一样圆鼓鼓凸出来的镜子则是凸面镜。

若这样还是会混淆的话，就请大家吃饭的时候仔细观察一下勺子。只要把盛饭的那一面当做凹面镜，把相反的那一面当成是凸面镜就可以了。若是新买来的勺子，其实也可以当成凹面镜和凸面镜使用。

当光线照在凹面镜和凸面镜上时会产生如下图一样的效果，凹面镜会聚光，而凸面镜会将光分散开来。

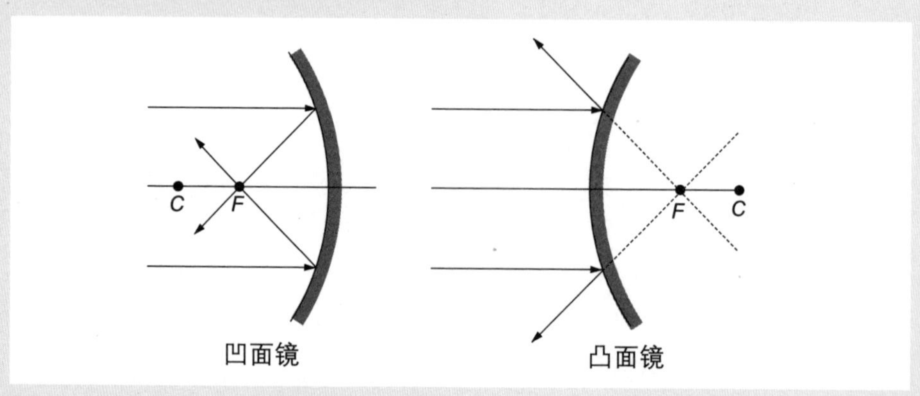

将光线聚集到一处的凹面镜和将光线分散开来的凸面镜

图中C是镜子的中心，F是聚光的焦点。

因为凹面镜的焦点处聚集了很多能量充足的光，若是在此处放置了什么物品的话就很可能会被烧着。

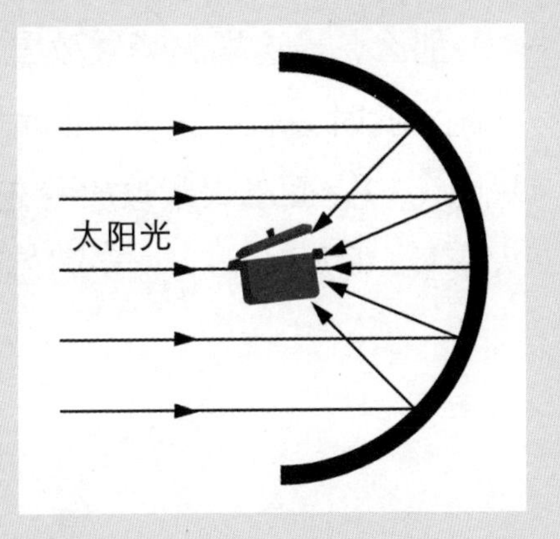

如果像右图一样将锅盖开着对准凹面镜的焦点，绝对可以煮熟锅里的方便面。另外，若是在放锅的地方放置平面镜来反射光线的话，就会像阿基米德烧着罗马舰队一样轻松地烧着远处的树木或纸张。（请大家绝对不要跟着学，搞不好会被当成纵火犯抓走的哦。）

另外，因为当光线照射在凹面镜和凸面镜的表面发生反射时，其方向发生了改变，所以如果镜子前面有物品，根据其所放位置的不同，其大小和长度看起来也是不同的。请大家参照下图，用前面提到的勺子实验一下看看，那样大家就能轻松理解接下来的说明了。

首先在凹面镜中心外放置一根火柴时，凹面镜里所看到的物体是倒置的，而且会变小，见图（1）；而在凹面镜的中心放置一根火柴时，凹面镜里所看的物体大小虽然没有变化，但其仍然是倒置的，见图（2）。

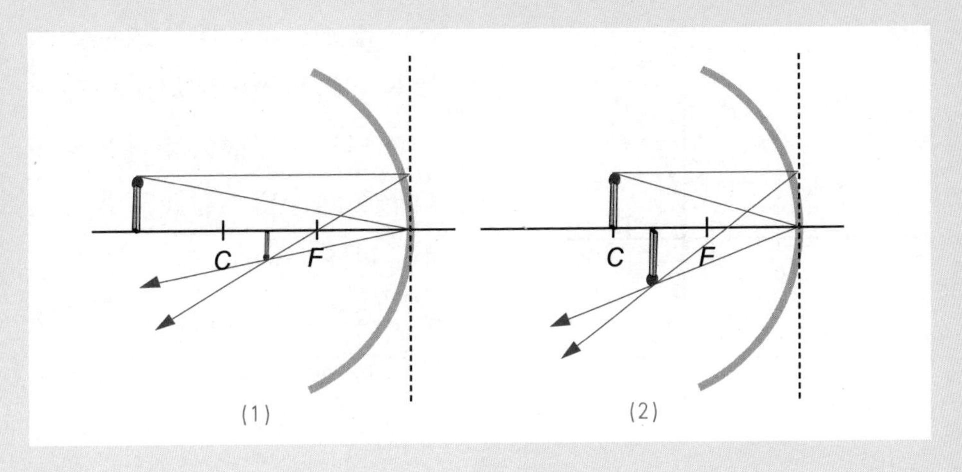

那么，当这根火柴被放置于凹面镜的中心和焦点之间时又会怎样呢？此时会看到火柴在凹面镜里被扩大了，而且依然是倒置的，见图（3）；而当火柴被放置在凹面镜焦点上时，凹面镜里就看不到火柴了，见图（4），这是因为光线呈平行状态无法相交。

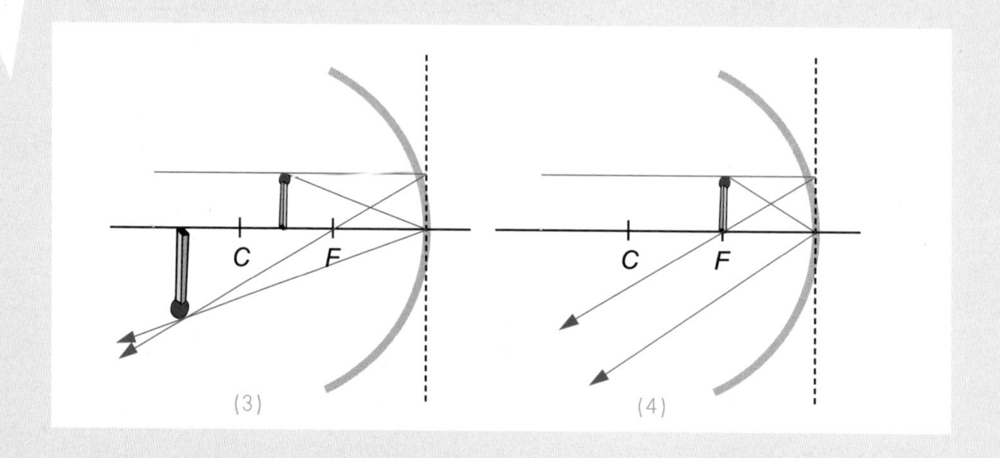

(3)　　(4)

因为凹面镜有聚光的特性，因此被用在了很多地方。奥运会采集圣火的时候，以及让汽车车头灯更亮的时候都会用到。另外，凹面镜还被用于天体望远镜之中，利用凹面镜可以把来自遥远宇宙中的微弱星光会聚起来，进行观测。

那么，这次让我们换着用勺子的背面，看看凸面镜中又会呈现什么样子，不管物体放在什么位置，凸面镜中都只会呈现出一种模样。那根火柴就好像在镜子后面一样，看起来非常的小，见图（5）。

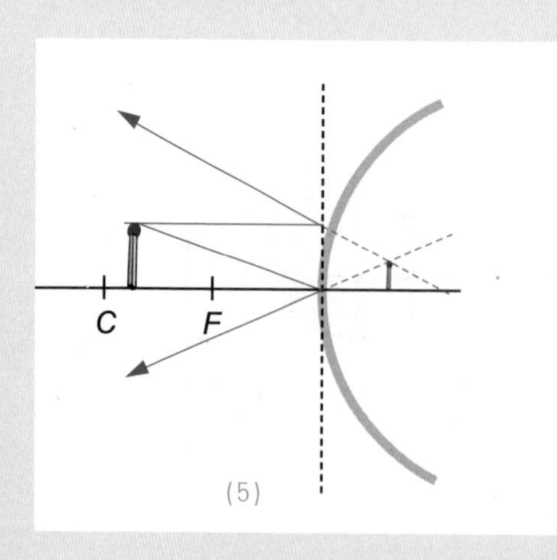

(5)

因为这样的特征，当需要比较宽阔的视野时一般会用到凸面镜，小汽车两旁叫做后视镜的面镜；超市或书店用于安保的面镜；此外在道路的拐弯处，为了方便看到对面有没有车开来而安装的反射镜，使用的都是凸面镜。

●●凹透镜和凸透镜

现在我们该来谈谈用玻璃制成的透镜的故事了，透镜也跟面镜一样，按照其模样的不同分为两种：凹透镜和凸透镜。不过，透镜和面镜相反，凸透镜聚光，而凹透镜则会分散光线。

前面已经提到过，当光穿过不同物质的时候会发生折射，大家都还记得吧。

对光有会聚作用的凸透镜可以用于放大物体，老爷爷们使用的老花镜就是最典型的例子。另外，显微镜和望远镜里也一定会用到凸透镜。大家还都记得小时候曾经用放大镜聚光烧着纸片的经历吧？其实，那个放大镜就是一个凸透镜。

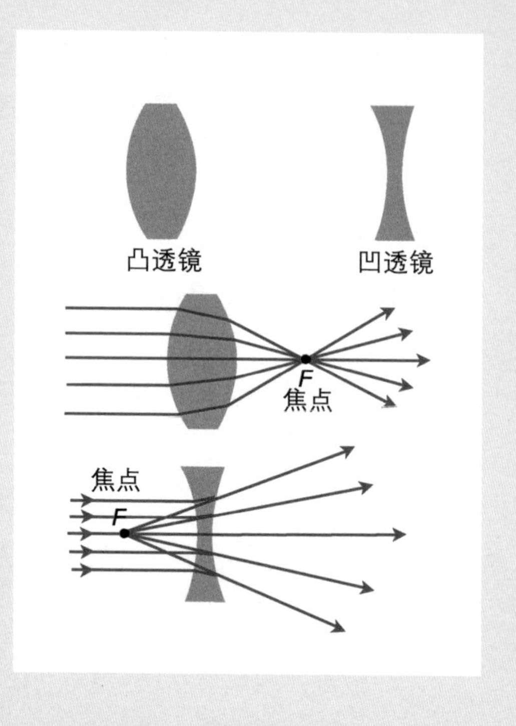

相反，因为凹透镜有分散光的特征，这种特征具有让焦点位置后移的功能，大家佩戴的近视眼镜就广泛地使用了凹透镜。

学生们大部分都是近视眼吧？近视眼就是能看清近处的物体，而看不清远处的物体。人眼睛中的晶状体和角膜就充当着凸透镜的作用，把来自某个物体的光会聚到视网膜上，形成物体的像。视网膜上的视神经细胞受到光的刺激，将信号传递给大脑，于是我们就看到了物体。

而近视就是因为晶状体和角膜没有起到很好的作用，来自物体的光在视网膜的前面就形成了对焦，到达视网膜时就是一个模糊的光斑了，所以导致我们看不清楚。但如果对焦是在视网膜后面形成的话，就会像老爷爷老奶奶一样变成远

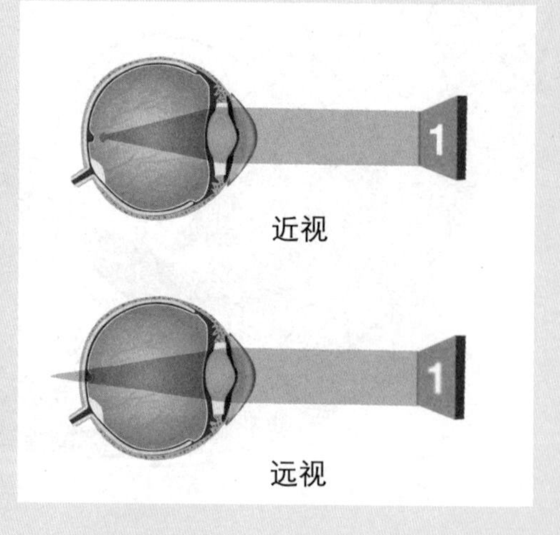

近视

远视

视眼了，而远视眼就是虽然能看清远处的物体却看不清近处的物体。

眼镜在我们生活中很常见，它可以帮助我们矫正视力、保护眼睛。但眼镜究竟是如何矫正我们视力的呢?

请看下图，戴上用凹透镜制成的近视眼镜之后，就会将焦点往后移，使来自远处物体的光会聚在视网膜上；而戴上用凸透镜制成的眼镜之后，就会将焦点前移，使来自近处物体的光会聚在视网膜上，从而都能达到在视网膜上很好地成像的效果，所以才能让我们看得很清楚。

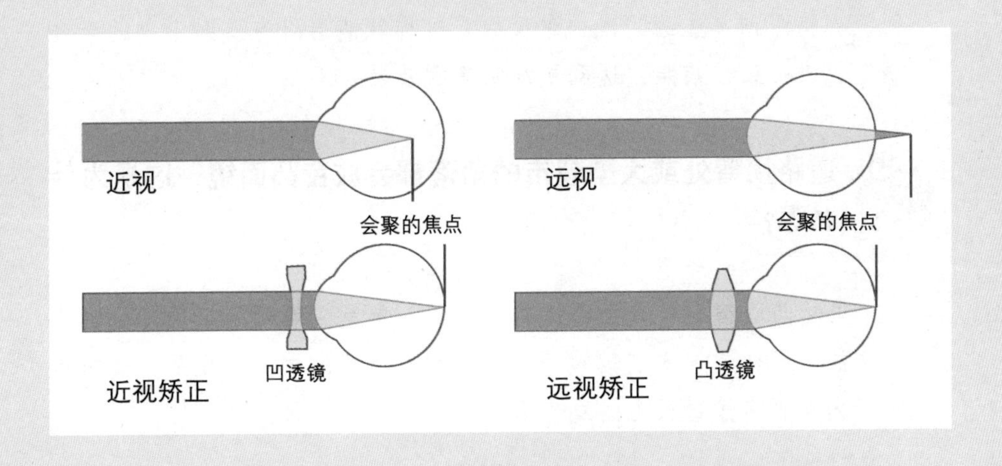

科学抢先看

关于面镜和透镜的叙述型问题

手电筒或汽车车头灯的灯泡后面会装上凹面镜，请说明一下理由。

手电筒和汽车车头灯的灯泡射出来的光会分散到四面八方，而凹面镜会将照到其上的光线会聚反射。这样就使得灯泡发射出来的光线聚集起来一致往前照，达到更加明亮的效果。

道路拐弯处或大型超市的角落都会放置凸面镜，这是为什么呢？

虽然凸面镜会将人照得比较小一些，但是它照到的范围却是更为广阔的，因此它能更有效地帮助人们观察道路的情况，或是监视超市卖场内是否有偷窃行为的发生。

上了年纪后虽然能看清远处的东西，却看不清近处的东西，变成了远视眼。想要矫正远视眼，应该使用什么样的透镜比较好呢？请写出答案并说明理由。

人上了年纪后，眼睛里的晶状体会变薄，因此折射光的能力就会变弱，从而导致来自近处物体的光在视网膜的后面形成对焦，而在视网膜上只形成一个模糊的光斑，因此无法看清近处的物体。此时应该使用凸透镜眼镜，凸透镜会帮助我们将焦点往前调整，将光会聚到视网膜上，因此也就能辅助我们看清近处的物体了。

第二章

力

★弹力　　物体弯曲的原理是什么

★摩擦力　　物体发生摩擦会产生什么结果呢

★磁力　　利用磁力可以悬浮在空中吗

★电力　　静电也是一种电吗

★重力　　行星的重力发挥着什么样的作用呢

★力的合成　　两种力合并在一起时会有特别的法则吗

▶▶弹　　力

物体弯曲的原理是什么

力有很多种，如弹力、摩擦力、磁力、电力、重力，等等。那么，使用到弹力的物体都有哪些呢？请在你现在所处的地方找找看。

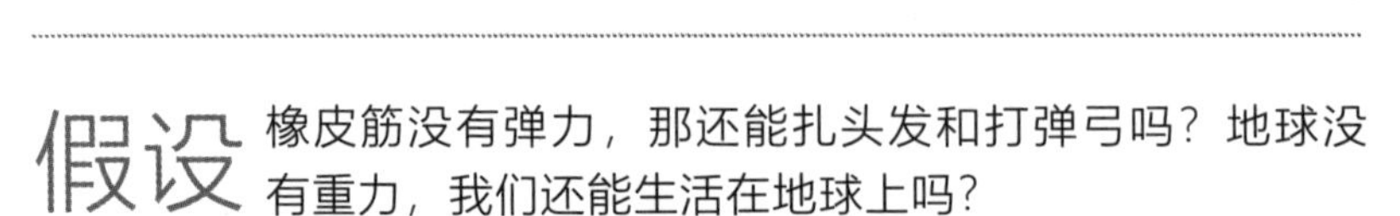

假设 橡皮筋没有弹力，那还能扎头发和打弹弓吗？地球没有重力，我们还能生活在地球上吗？

生活中的物理故事 1

射箭和弹力有什么关系吗

在奥运会上，韩国有一个争夺金牌的热门项目，那就是射箭。可能人们看到射箭的时候，会觉得它是一项简单的运动，因为大家会觉得只要调整好箭的位置，瞄准靶子的正中央就可以了，但实际上再没有其他运动会像射箭这样需要如此纤细而又复杂的技术了。

奥运会射箭比赛的情景

在射箭中最为核心的就是初始的发射速度，根据射

箭选手拉动弓弦的强度不同，初始的发射速度也会有所不同，因为用的力气越大，弓箭的发射速度也会越快。弓箭的速度越快，就能更加迅速地射到靶子上，因为此时速度快的弓箭比速度慢的弓箭受到重力影响的时间要短，往地面掉落的时间也会被缩短，因此误差的范围也就被缩小了，所以对于射箭选手来说，需要练就尽可能快速地射出弓箭的技术。

但这并不是说选手的力气大，初始的发射速度就会变得更快，因为这还要受到弓箭的重量及其光滑程度等因素的影响，最重要的是在很大程度上还要受弓弦弹力的影响。因为弓箭的速度和弓弦的弹力与弯弓变形的程度成正比，所以弓箭大都会使用弹力较大的材质制作而成，特别是弓弦的弹力至关重要，所以人们长久以来一直对此进行着研究。

在过去，人们曾用植物纤维、动物的筋或皮来制作弓弦，韩国传统弓箭的弓弦大都是用百股茧丝编织制作而成的。最近，韩国开始使用一种叫做“S4”的超高分子量聚乙烯纤维材料，这种材料非常轻便，弹性也很突出。因此，对于现在的射箭选手来说，重要的不仅仅是个人技术和实力，隐藏在弓箭材质中的尖端技术也是比赛获胜非常重要的因素。

开心课堂

还原成原来状态的力量——弹力

●●弹簧是典型的弹性物体

拉伸弹簧就会看到弹簧拉长后又重新回复到原样的情景，还有，当我们用一只手抓住钢尺，另一只手轻轻弯曲钢尺时，钢尺就会弯折变形，但当我们松手时，变形就会消失。在这一过程中，会感受到弹簧或钢尺对我们的手有力的作用，这种力就叫做弹力。

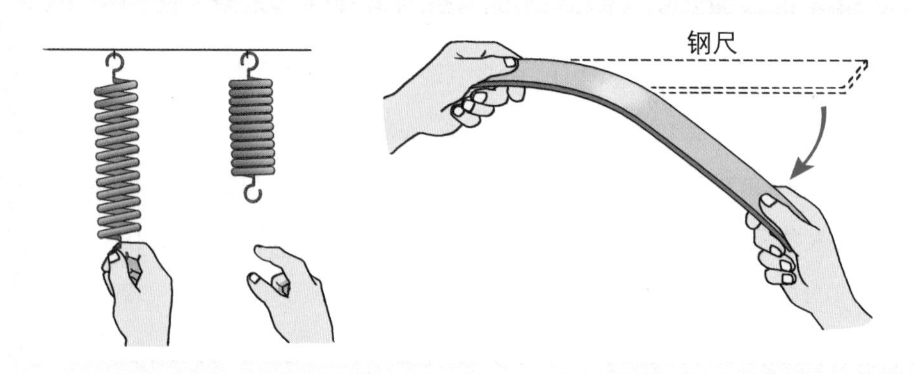

另外，气球或橡皮球等在受力挤压时也会发生变形，但一旦消除对其施加的压力，它们就会重新回复原状，像这种能够使物体回复原状的性质就叫做弹性，具备这种性质的物体叫做弹性物体。所有的物体都拥有一定程度的弹性。而物体在力的作用下形状或体积发生改变，叫做形变。有些物体在变形后能够恢复原状，这种形变叫做弹性形变。

●●弹性限度和胡克定律

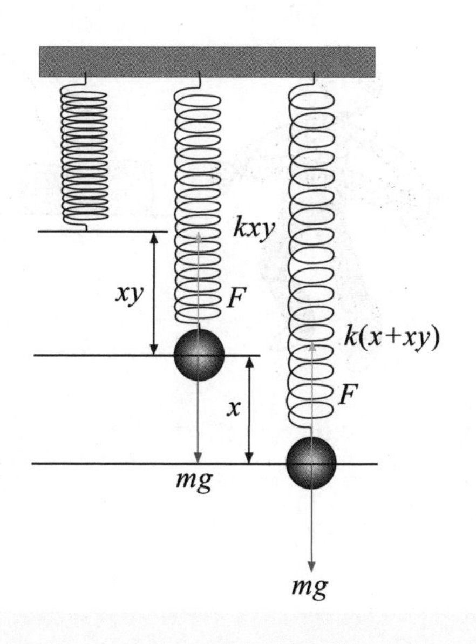

物体能够被拉伸的最大范围叫做弹性限度。如果超过这个弹性限度的话，橡皮筋就会被扯断，而弹簧也无法再还原到原状。在弹性限度的范围内，施加给物体的力也就是弹簧的弹力F和物体形变的长度x是成正比的，这就叫“胡克定律”（这是因为一个叫胡克的英国科学家首次发现了这一现象，因此取名为“胡克定律”）。另外，弹力的大小和外部所施加的力量大小相同，只不过方向是相反的。

计算弹力的公式是 $F=kx$，F 是弹力，k 是劲度系数（单位是牛顿/米，单位符号为 N/m），x 是物体发生形变的长度。

●●应用到弹力的工具

在我们的周围有很多应用到弹力的东西，如果没有了弹力，估计我们的生活会变得举步维艰，比如说运动服里用的橡皮筋、使用弹簧的圆珠笔、弹簧秤，以及用两手拉伸的运动器械等，而游乐设施中还有蹦极和蹦床（蹦床是一种运动或游乐设施，在装有弹簧的四方形或六方形的垫子上做出跳跃或空中旋转等动作。蹦床也是奥运会的比赛项目之一）等。

另外，过去人们使用的钟表大部分内部都安装了发条，而发条同样也运用到了弹力。

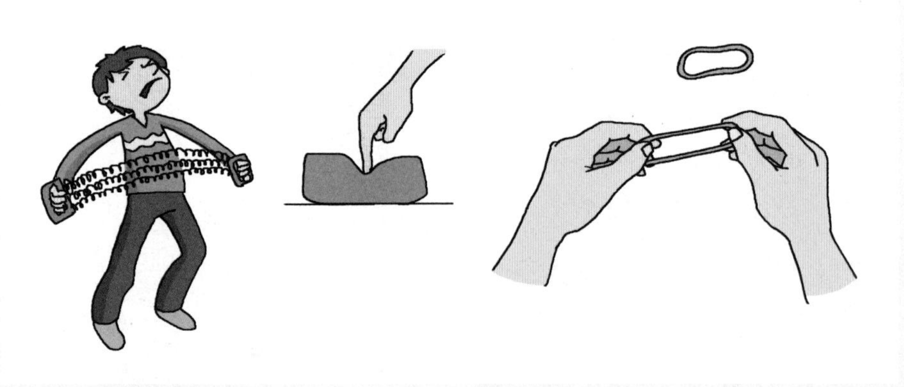

拥有弹性的物体

科学抢先看

关于弹力的叙述型问题

据你所知，在汽车的零件中有哪些是用到弹力的。

用弹性很好的橡胶所制成的汽车轮胎；座椅下面放了弹性很好的弹簧，从而让人有更舒适的乘坐感。

用 1kg 的力拉伸弹簧时，弹簧的弹力大小和方向是怎样的?

弹力和外部作用力的大小相同、方向相反。

因此 1kg 的作用力所承受的重力大小就是弹力的大小，弹力的方向与重力方向相反。

1kg 的力所受到的重力为质量（1kg）× 重力加速度（9.8m/s^2）=9.8N（N是重力单位，读作“牛顿”）。所以弹簧弹力为 9.8N，方向竖直向上。

▶▶ 摩擦力

物体发生摩擦会产生什么结果呢

生活中若是与自己的朋友或老师产生摩擦会感到很不舒服吧？但是在科学中物体只有发生摩擦，我们才会听到美妙的声音，才能滑雪滑冰。

假设 没有摩擦力，我们也就听不到乐器演奏出的声音，也就不能开心地去滑雪了吧？

生活中的物理故事 1

小提琴是怎么发出声音的

当我们听到那些世界著名的小提琴家演奏的时候，真的感觉那仿佛就是来自天籁的仙乐。用羊的肠子制成的小提琴琴弦是如何发出那如同天籁一般的声音的呢？原因就在小提琴琴弦和琴弓上，正是因为琴弦和琴弓之间摩擦的周期性反复，才创造出了这如同天籁一般的声音。

说得再详细一点儿，琴弦和琴弓放在一起时会产生静摩擦，而它们之间拉动的时候会产生动摩擦，这种摩擦的周期性反复才是震动发声的源泉。这种震动会引起整个小提琴的共鸣，从而才会发出各种不同的声音来。那么，何为共鸣呢？所有的物体都有其固有的

震动频率，如果外部的振动频率与物体固有的震动频率相同或形成一定比例的话，物体就会与之产生共振，称之为共鸣。著名的声乐家们在放声高歌的时候也会运用到共鸣。

因此，我们也可以说小提琴演奏家在演奏乐曲的时候，在无意中最大限度地运用了物理学的原理。

生活中的物理故事 2

滑雪时容易滑动的原因是什么

若是提到冬季的代表性运动，那就非滑雪和滑冰莫属了，那么像滑雪和滑冰这样的冬季运动为什么能够进行呢？

那是因为有摩擦力，如果没有摩擦力，滑雪或滑冰这种运动项目压根就不会存在了。我们之所以能够享受到滑雪和滑冰的乐趣，那是因为冰面和滑冰鞋、雪地和滑雪板之间有摩擦力，同时这种摩擦力又比较小的缘故。

当我们滑冰时，冰面与冰刀的摩擦产生热量，以及在冰刀压力下，冰面会稍有融化，从而产生约 0.01cm 厚的水形成的薄膜，这层薄膜就像润滑油一样反而会减少冰面和冰鞋之间的摩擦力，这在增加滑冰的速度上起着至关重要的作用。滑雪运动也是同样的道理。

另外，在最后抵达终点的时候，摩擦力起到了更加重要的作用，因为在经过终点后必须要停下来才行。大家记住，如果此时没有摩擦的话，我们就不能停下来，那就容易撞到人、石头或是建筑物上，从而导致身体受伤。

开心课堂

滑冰鞋刀刃制作得很锋利的原因

●●接触面和摩擦力的关系

摩擦力指的是两个物体在相互接触的状态下发生相对运动时所形成的力。说得再详细一点，就是两个相互接触的物体，当它们做相对运动时，在接触面上会产生一种阻碍这种相对运动的力，这种力就是摩擦力。

摩擦力是因接触面而产生的，如下图所示，摩擦力会因为物体间接触面粗糙程度的不同而发生变化。另外，摩擦力的方向与运动的方向相反。

接触面的性质和摩擦力

当我们拉动同一物体时，在粗糙的表面上要比在光滑的表面上更费力。

但摩擦力和物体间的接触面积无关。如图所示，当物体竖立或是横放时，摩擦力都是同等大小的。因为当摩擦面积小的时候，单位面积按压的力度就会增强；而当摩擦面积变大时，单位面积按压的力度就会变小。

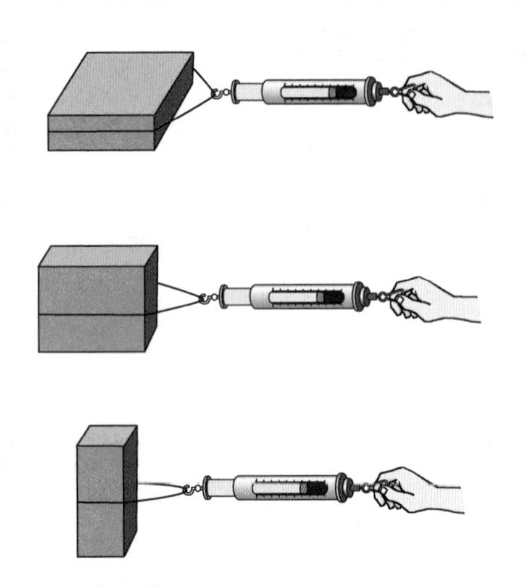

接触面的大小与摩擦力无关

●●摩擦因数和滑冰鞋刀刃

为什么我们常常会看到滑冰选手每到休息的时候就会摩擦自己滑冰鞋的刀刃呢？是因为他们无聊吗？要不然就是他们想要平息自己紧张的心情？其实，滑冰选手之所以会摩擦滑冰鞋的刀刃是想要减小摩擦力。前面我们刚刚学习了摩擦力和摩擦面积无关的知识，大家会觉得我这又是想要卖什么关子了吧？

摩擦力和摩擦面积无关的知识，只适用于摩擦因数一定的情况下。不同的物体其摩擦因数也不同，表面越是粗糙的物体其摩擦因数就越大。举例来说，木块的摩擦因数就比冰块的摩擦因数大，那么，大家可能会有疑问：将滑冰鞋刀刃磨得很锋利又和摩擦因数有什么关系呢？滑冰鞋的刀刃越是锋利，其施加给冰面单位面积的力量，即压力就会越大，这压力会使滑冰鞋刀刃所碰到的冰融化。因为施加的压力越大，冰面也就融化得越快，因此在滑冰鞋刀刃和冰面之间就会产生水，而此时摩擦因数也会随着水的产生而减小，所以说将滑冰鞋刀刃磨锋利就是为了减小摩擦力，从而使滑冰速度更快。

●●计算摩擦力

在混凝土的地面上，用3N的力推质量为1kg的橡胶砖块时，物体若是没有被推动，那么这个物体的摩擦力有多大呢?

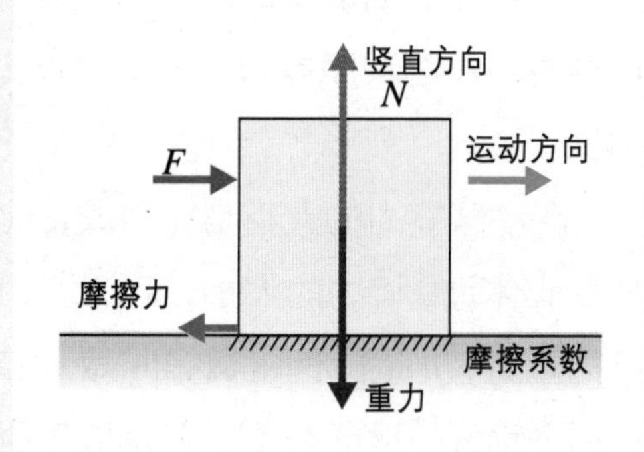

右图是计算摩擦力的时候所需要的图，有点复杂吧？但是计算摩擦力是非常简单的。

静摩擦力

图中 F 是外部施加的力也就是3N，前面我们提到过物体所受摩擦力和外部的力相同而且方向相反吧！因为物体没有被推动，所以摩擦力也是3N，此时的摩擦力就叫静摩擦力。如果施加了4N的力还是推不动的话，这时的静摩擦力就是4N。

最大静摩擦力

如果施加了5N的力，橡胶砖块就快要开始活动了，那此时的摩擦力被称为最大静摩擦力。静摩擦力的增大有一个限度，其最大值在数值上等于物体刚刚开始运动时的力。

滑动摩擦力

那么，当橡胶砖块移动起来的时候摩擦力又是多少呢？一般来说，所有物体在移动的时候受到的摩擦力都比较小。当一个物体在另一个物体表面滑动的时候，会受到另一个物体阻碍它滑动的力，这种力叫作滑动摩擦力。滑动摩擦力的方向与物体相对运动的方向相反。

滑动摩擦力的大小与压力成正比，通过 $F=\mu F_N$ 这个公式计算。F 表示滑动摩擦力的大小，F_N 表示压力的大小，也就是等于物体本身的重量，μ 是比例常数，叫做动摩擦因数，它的数值与相互接触的两个物体的材料有关。下表是几种材料之间的动摩擦因数。

材料	动摩擦因数
钢和钢	0.25
木和木	0.30
木和金属	0.20
皮革和铸铁	0.28
木头和冰	0.03
橡胶轮胎和路面（干）	0.71

科学抢先看

关于摩擦力的叙述型问题

请拿衣服举例说明，如果摩擦力消失会发生什么样的事情。

摩擦力对于衣服起着极其重要的作用，制成衣服的布和布之间的接缝处全都是由线缝合的。如果摩擦力消失，那些线就会散开来。不仅如此，拉链和纽扣也不能发挥作用，这将导致衣服无法发挥其作用。

在铁桌子上移动一个铁箱子，需要多大的力才能移动箱子呢？（铁箱子的重量是 10N，最大摩擦力因数是 0.74）

通过 $F=\mu F_N$ 就可计算出来。动摩擦因数 μ 为 0.74，压力 F_N 等于物体的重量 10N，也就是 $F=10\times0.74=7.4N$，因此至少要用 7.4N 的力量才能让箱子移动。

使用防滑轮胎的作用在于让汽车不至于太滑。但摩擦力和摩擦面积是没有关系的，所以面积更宽大的防滑轮胎的摩擦力应该和一般轮胎没什么区别才对，那人们为什么还要使用防滑轮胎呢？

使用防滑轮胎时之所以摩擦力会增大，是因为轮胎的面积宽大使得单位面积所受到的压力变小，因为摩擦力而产生橡胶融化的现象也会有所减少。橡胶融化现象减少就能保存橡胶原有的高摩擦系数。正是因为防滑轮胎起到了保存原有摩擦力的作用，所以人们才会使用防滑轮胎。

▶▶ 磁　力

利用磁力可以悬浮在空中吗

大家都曾梦想过能飞上天空吧，因为并不是只有鸟儿才能飞翔的啊！

假设 我们穿上用磁铁做的鞋子，在有磁力的马路上来回行走，我们也会像磁悬浮列车那样在空中自由穿梭吗？请大家大胆发明看看吧！

生活中的物理故事 1

在空中飞的“飞岛国”可能存在吗

日本动画片中出现的飞岛国

在《格列佛游记》这本书中，格列佛在游历了小人国和巨人国之后，又来到了飞岛国。

飞岛国是悬浮在空中的一座岛国，距离地面约有 3.2 km，是个直径约为 7.2 km 的圆形岛。飞岛国还能自由调节其高度和进行前后活动，因此人们便可以前往国王统治领土中的任何一个地方。那么，飞岛国究竟是如何悬空而立的呢？

秘密就在位于飞岛国中心部位的那块巨大的天然磁石中。这块磁石的长度约有 5.49 m，最厚的部分约达 2.74 m，它正好位于内里空空的金刚石之中。格列佛利用这块天然磁石的巨大力量，就能自由地上升或下降，而且还可以前往其他的地方。磁石所具有的力量就是磁力，格列佛解释说，正是利用了飞岛国内部的巨大天然磁石与国王领土之间磁石的反弹力，才能使飞岛国悬浮在空中，也才能让飞岛国实现自由地移动。

若是看过《格列佛游记》这本书的人，大概都曾想过这件事是否真的可行，如果将磁石之间的反弹力解释为 N 极和 N 极、或者 S 极和 S 极之间相互排斥的力的话，这事说不定还是有可能性的。

生活中的物理故事 2

磁悬浮列车是怎么运行的

相信大家应该听过“磁悬浮列车”这个词，磁悬浮列车指的是利用轨道和列车之间存在的磁力（排斥力），让列车悬浮起来并使其正常运行的列车。要让重量超过数百吨的列车悬浮起来并使其开动的话，有一样东西是必不可少的，那就是具有超强磁力的电磁铁。

而制作出拥有超强磁力的电磁铁绝非易事，因为想要制作电磁铁就需要先用螺线管包裹住铁芯，然后再在螺线管中通上强大的电流，而此事并不容易。因为当有极强的电流流经螺线管时，螺线管就会受热甚至熔化；另外，为此所要消耗的电能也不容小觑，这会大大降低经济上的效益。

日本制造的磁悬浮列车

韩国机械研究院开发的磁悬浮列车

今天，科学家们已经解决了这两个问题，成功开发出了一种全新而又特别的电磁铁，名为“超导磁铁”。在超导磁铁中所流经的电流，其电阻接近于“0”，不管通过多强的电流，螺线管都不会因为变热而熔化，另外所要消耗的电能也不大。

磁悬浮列车消除了列车与轨道之间的摩擦，所以突破了速度极限，最高速度可达到500 km/h，并且动力消耗少，稳定性高。目前许多国家都在进行磁悬浮列车的研制。中国上海市龙阳路至浦东机场的磁悬浮列车已经进入运行阶段。我们坐上利用磁力、悄无声息地在轨道上飞驰的磁悬浮列车的日子已经到来了。

中国制造的磁悬浮列车

开心课堂

推拉的力量——磁力

●●地球是一个巨大的磁体

磁力指的是磁体和与其具备同等磁性的物体之间相互作用的力。磁体上磁性最强的部分称之为磁极，任何一个磁体上都会有两个磁极成对的出现，并且强度是相同的。同极之间会产生相互排斥的斥力，而不同磁极之间则会产生相互吸引的引力。

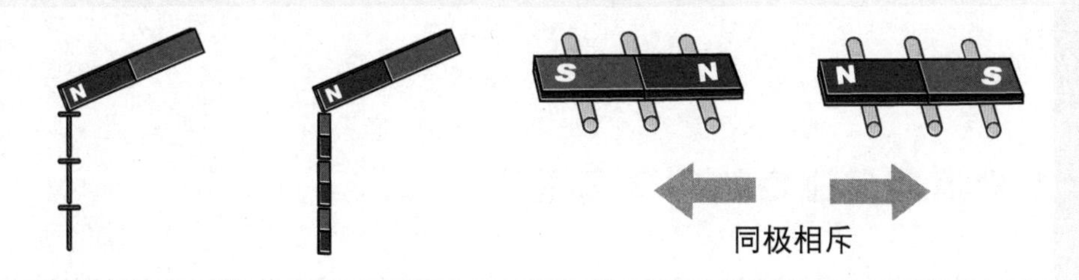

同时，磁体还具有能够吸引铁一类物质的性质。而能够自由转动的磁体，静止时指南的那个磁极叫做南极，又叫 S 极；指北的那个磁极叫北极，又叫 N 极。也就是说，磁体的 N 极总是指向北方，这也说明，我们的地球本身就扮演着一个巨大磁体的角色。

在地球周围存在的磁场，我们称之为“地磁场”。不过地磁场究竟是如何产生的，人们对这个问题已经研究了很多年，到现在还没有一个令人满意的结果。

●●运用了磁力的“飞岛国”

现在我们既然已经了解到了什么是磁力，那么就让我们再来看看《格列佛游记》里的飞岛国真的能悬浮在天上吗？如果想表现一下《格列佛游记》中出现的飞岛国是如何活动的，其实就和下面的简图相似。

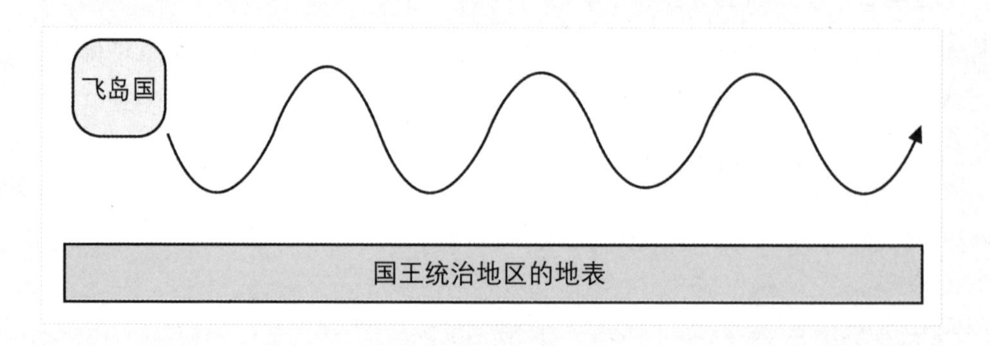

也就是说当飞岛国向下活动的时候，就要让飞岛国下方的磁极和地表磁极相反，此时引力产生了作用；而当飞岛国再次向上活动的时候，让飞岛国下方磁极和地表磁极变得相同，这样斥力就能发挥作用了。像这样按顺序改变磁极的话，飞岛国就能够向前移动了。

这件事究竟可行吗？我们通过计算飞岛国悬浮在空中时的重力势能（重力势能＝物体的质量×重力加速度×物体所处的高度），就会得出其势能是非常巨大的。

这么大的能量是绝对无法用磁力来实现的，所以利用磁力将飞岛国悬浮在空中这件事只能出现在格列佛理想的童话世界之中，现实生活中是绝对无法实现的。

●●磁悬浮列车运行的原理

因为飞岛国体积巨大，所以只是在理论上是可行的，但是通过现代科学的力量，磁悬浮列车却是可以实现的。接下来就让我们一起看看磁悬浮列车究竟是如何运行的吧！

我们知道，列车车轮和轨道之间的摩擦力是列车运行过程中最大的阻力了，而磁悬浮列车正是为了解决这一问题而研制的。磁悬浮列车是一种采用无接触电磁悬浮、导向和驱动系统的磁悬浮高速列车系统，分为常导磁悬浮列车和超导磁悬浮列车。

要想使列车从轨道上悬浮起来，就要在磁悬浮列车和车轨上分别安装上磁体。前面我们已经学过，对于磁体来说，存在着同极相吸、异极相斥的道理。因为同极之间存在着相互排斥的力，因此只要将磁体如下图进行排列的话，这股排斥的力量就可以把列车悬浮在轨道上方高速飞驰了。

列车下方磁极的排列
N-S-N-S-N-S-N-S-N-S-N-S-N-S-N-S-N-S-N

N-S-N-S-N-S-N-S-N-S-N-S-N-S-N-S-N-S-N
列车轨道部分磁极的排列

科学抢先看

关于磁力的叙述型问题

请说说看，父母的钱包里有什么东西是和磁力相关的。

开合钱包的磁性纽扣、各种卡上所带的磁条、存折上所附的磁条等。

请用磁力来说明磁悬浮列车运行的原理。

磁悬浮列车和铁轨上都装有强力磁体，有些磁体只在电流流过时起作用，这表示这些磁体可以随时开启或关闭。这些磁体是经过排列的，轨道上的北极朝上，列车上的北极朝下，当磁体被启动时，两个北极就会互相排斥，这股排斥的力量把列车悬浮在轨道上，所以列车就能在轨道上飞驰了。

指南针是运用到磁力的工具，请写出指南针的N极指向北极的原因。

地球也是具有磁力的，就好像它的内部装有一个巨大的磁体一样，不过地球的北极是地磁的S极，而地球的南极则是地磁的N极，由于磁体中异极相吸的原理，所以指南针的N极指的是地球的北极。

▶▶电　力

静电也是一种电吗

在脱毛衣时，你可曾感到头发像有电流通过一样，甚至会因为头发黏在毛衣上而烦恼不已？

假设 脱去被雨淋湿的毛衣时是不是就不会有这种感觉了？那么，被雨淋湿的毛衣中究竟隐藏着怎样的秘密呢？

生活中的物理故事 1

人们是怎么发现静电的

人们大都认为最早发现电的人是本杰明·富兰克林（1706—1790），但是在人类的历史上最早发现电的却另有其人，他就是生活在公元前600年左右的古希腊的泰勒斯，一个广为人知的哲学家、数学家和科学家。

有一天，泰勒斯悠然自得地坐在椅子上剥琥珀（并不是我们平常吃的南瓜，而是数千万年前被埋藏于地下的树脂，经过长期的变化后形成的一种树脂化石。——译者注：在韩语中，“南瓜”和“琥珀”同音）的外壳。

在这一过程中，他发现了一个现象，当他越来越快地摩擦琥珀的时候，周围的那些灰尘等极轻的物体就越会慢慢地吸附上来。他

看着周围的物体能够吸附到琥珀上这个神秘的现象后，陷入了思考之中。经过长期的研究，泰勒斯得出了结论：当物体进行相互摩擦时，物体之间就会产生相互吸引的力（电力）。泰勒斯所发现的就是我们通常所说的“静电”。

生活中的物理故事 2

伏打电池是怎么被发明的

本杰明·富兰克林虽然不是最早的电的发现者，但是对于电，他却有很多重要的发现。有一次，他在电闪雷鸣的雨天里做了著名的风筝实验。他拿着一把钥匙，并把钥匙连在了用金属制成的风筝线上，而在实验中他看到连接在金属线上的钥匙产生了一股强烈的火花（这种实验是不能随便做的，不知道是不是富兰克林的运气太好才没有丢了性命，这种实验的死亡概率几乎为100%，所以可以说是非常危险的事情）。富兰克林最早提出闪电和静电一样都是电，而自然万物中也都存在着电。他还发明了避雷针，避免了打雷闪电可能给我们带来的伤害，另外他还是最早开始使用"正电荷"和"负电荷"这些专业术语的人。

在雨中做实验的富兰克林

18世纪，意大利生埋学家伽伐尼在解剖青蛙的过程中发现了一个奇怪的现象，他解剖一只青蛙后，随手将其放在了金属盘里。他的助手不小心用镊子碰到了青蛙的后腿，青蛙的后腿立刻抽搐了起来，这个现象引起了伽伐尼的注意，他连续实验了多次，他认为，这种电和两个物体摩擦时产生的电有着很大的不同。伽伐尼多方面加以研究，之后他总结出动物本身内部存在着"动物电"。

听说了此事的欧洲科学家们也相继多次尝试重做伽伐尼的实验，可以说差点都让青蛙绝种了，但是伽伐尼的"动物电"说法并不正确，实际上并不是青蛙产生了电，而是金属之间（金属盘和镊子

伽伐尼"动物电"实验的场景

间）产生了电。

后来，意大利的物理学家伏打由此发明了电池。伏打发现当放置相同种类的金属时青蛙的腿就不会抽动，而只有用不同于放置青蛙的金属盘子的其他金属去碰触青蛙，它的腿才会抽动，此时青蛙的腿只不过是起到了电线的作用而已。伏打又将材质不同的两种钱币分别放到自己舌头的上下方，这时意想不到的事情发生了，他居然感到舌头有些麻酥酥的，这可谓是一个伟大的瞬间！

根据这一现象，伏打将铜板和锌板分开放置，并在二者的中间放入了在盐水中浸湿的纸，这时就会产生电。伏打通过自己的实验证明，如果两种金属之间有水或盐水，金属之间的电就会发生流动，为此他将会流动的电称为“电流”。能够持续产生电流的“伏打电池”就这样诞生了。

生理学家伽伐尼因为执着于“青蛙”本身，而错过了伟大的发明；而物理学家伏打却将视线转移到“金属”上，从而发明了电池。

开心课堂

抢走电子

●●因为电子的移动而产生的静电

相信大家都应该有过这样被吓了一跳的经历，有时当我们牵朋友的手时，或是当我们打开汽车车门时，会突然在一瞬间有被电到的感觉，此时所产生的电就是我们说的静电了，这就如同大家用塑料梳子梳头发头发会竖起来一样，静电是因为摩擦而产生的电。

想要了解静电产生的原理，首先我们需要了解原子的结构。原子的正中间是带正电荷（ + ）的原子核，而其周围都是带负电荷

(－)的电子，原子核束缚着电子，使这些电子以极快的速度围绕着它旋转，就好像地球以太阳为中心进行公转一样。

但是根据原子种类的不同，原子核对电子产生的牵引力也是不同的，因此当我们让那些带有不同原子的物质进行相互摩擦时，原子中原子核对电子牵引力强的物质就会从牵引力相对较弱的物质那里抢走电子，也就是说，电子就会被拥有较强牵引力的原子核的物质所吸引。这样的话，正电荷的量和负电荷的量就会产生不均衡的现象，抢走电子的一方就会带负电荷，被抢走电子的一方就会带正电荷，这样也就产生了静电。

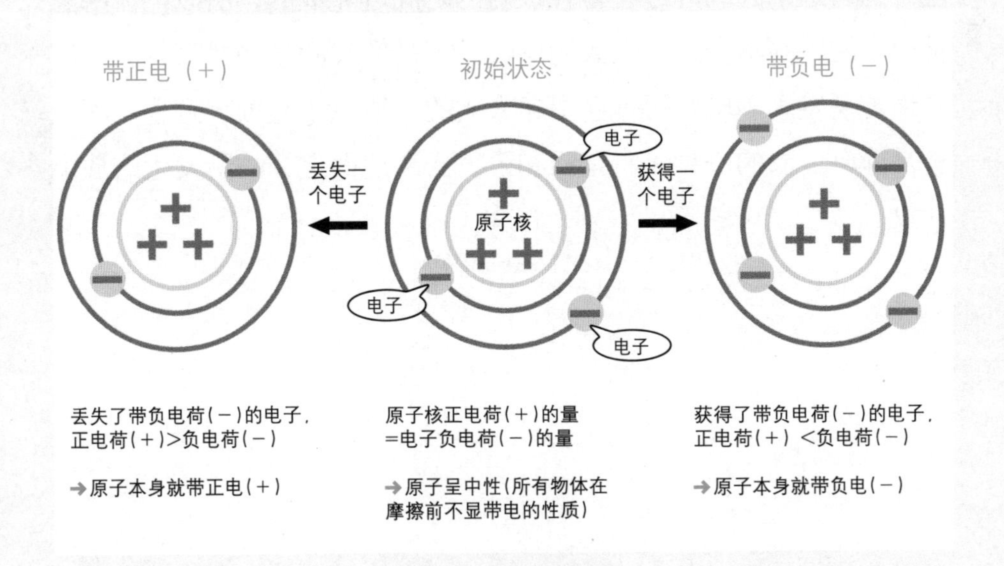

举例来说，当我们用塑料棒摩擦干抹布的时候会产生摩擦能量，抹布原子中的电子就会脱离自己的轨道向塑料棒中的原子一方移动，这是因为塑料棒的原子核对电子的牵引力更强。因为电子是带负电荷的，那么最终塑料棒整体就都会带负电荷，而另一方面丢失了电子的抹布就会带正电荷。同时，因为负电荷和正电荷之间有相互吸引的特性，所以这二者还会相互粘贴在一起。

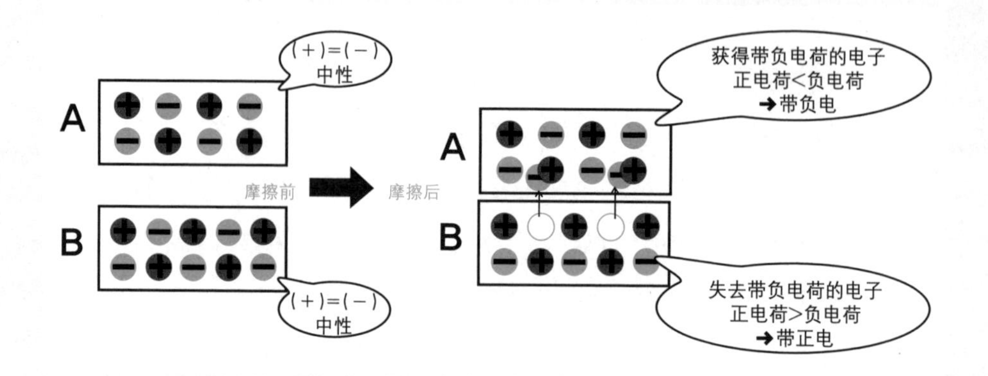

因为一次性移动了较大量的电子，所以静电的电压是很高的，但是因为这个移动的过程是在极短的时间内完成的，所以电流的量是很小的，并不会造成很大的危险。但是像充满了易燃气体的工厂等地若是发生静电，可是会引起大火的，所以不能太大意了。闪电也是静电现象的一种，它是云和云、云和地面之间的所发生的放电现象。

科学抢先看

关于电力的叙述型问题

用塑料和塑料相互进行摩擦的话，是不会产生静电的，请说明一下原因。

摩擦相同种类的物体时是不会产生静电的，这是因为相同种类的物体是由相同的原子所构成的，相同的原子核吸引电子的力量大小也是相同的。因此，电子不会产生多大的移动，也不会产生电荷的不均衡现象，所以就不会产生静电现象了。

下图是一个叫做“凡得格拉夫”的静电器，当一位妈妈和自己的女儿将手放置在上面的时候，她们的头发立刻竖了起来并向四面八方伸展开来，请说明一下原因。

当妈妈和女儿触摸“凡得格拉夫”静电器时，其中的电子通过手指移动到了她们的发梢，因为发梢与之带有相同的电荷而产生了排斥现象，所以导致头发都竖了起来。

▶▶重　力

行星的重力发挥着什么样的作用呢

我们在电影中看到登上月球的太空人，他们的动作都相当迟钝，走路都是一蹦一跳的，若是跑就会感觉像在飞一样，会移动出相当长的一段距离。

假设那些地方也像地球一样有重力作用，如果还是那么迟钝地探索，就会需要进行很多天吧？

生活中的物理故事 1

在火星上玩蹦极会怎样呢

火星是太阳系由内往外数的第四颗行星，属于类地行星。因为火星上的环境与地球相似，所以科学家们一直在探索火星上存在生命的可能性。火星虽然还不到地球的一半大小，但却有着太阳系中最高的山脉。人们用古希腊神话中出现的万神神殿所在的奥林匹斯山的名字将此山称为“奥林匹斯山脉”。这座山足足有 24 km 高，比地球上最高的珠穆朗玛峰还要高上 3 倍。

为什么火星上会存在这么高的山呢？其实，火星过去曾有过一些火山喷发的活动，要知道，火星上的重力要比太阳系其他行星上的重力小。因为重力小，所以火山才能喷涌出大量的熔岩，才能向

太阳系中最高的奥林匹斯山脉

虽然此火山现在已经不活动了，但火星上留有的很多痕迹，表明这里曾经存在过很多类似奥林匹斯火山一样的巨大火山。

上喷得更高，因此才产生了我们现在看到的这么高耸的山脉。如果火星上的重力和地球上的相似，估计也就无法创造出太阳系中最高的山脉了。

那么，若是在奥林匹斯山山顶玩蹦极的话又会是什么样的呢？因为火星上的重力比地球上的重力要小，所以掉落的速度不会很快，因此也就无法感受那种快速下落的快感了。但是因为奥林匹斯山的高度达到了 24 km，蹦极下落的高度足足超过了 20 km 的距离，所以说不定大家能够感受到长时间蹦极的另一番乐趣呢。

生活中的物理故事 2

为何月球表面有那么多坑

这次我们来看看月球，比较早观测月球表面的意大利天文学家伽利略，因为看到了月球表面无数的坑而异常激动，因为直到当时为止，人们还一直认为天上的所有天体都是神创造的，都是完美无瑕的，而当伽利略用自制的望远镜观察到月球的时候才发现事实并非如此。

月球上的坑大多数都是因为流星的碰撞而产生的，被称为陨石坑。据说月球上大型的陨石坑约有234个，这些陨石坑的大小足足能放进数十个首尔市（韩国首都）。那么，为什么月球上会有如此多的陨石坑呢？

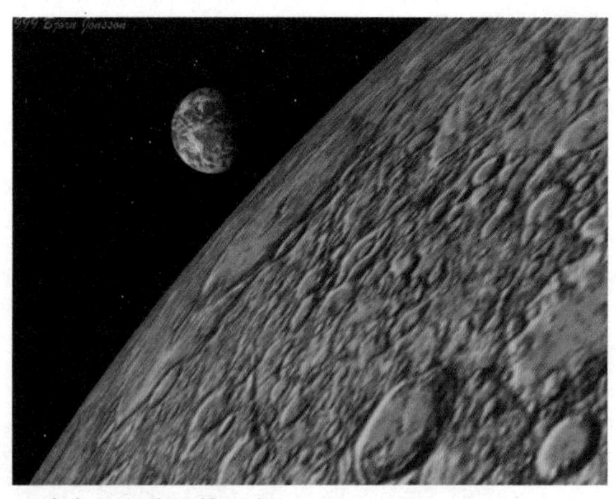

月球表面和漆黑的天空

远处就是我们生活的地球

这和月球的重力有着极密切的关联，月球上的重力是非常小的，就连抓住空气分子的力气都没有，因此它的表面不像地球一样有一层厚厚的大气层。因为没有大气，当然也就不存在水了，因为水是大气中的氢元素和氧元素结合之后形成的。

因此，撞击到月球的那些流星，不会像撞击地球时那样因为大气层的摩擦而燃烧，到最后消失不见，而是会直接撞击到月球的表

美国“阿波罗11号”宇航员阿姆斯特朗登上月球时留下的人类足迹

人类的宇宙飞船登陆了月球，而人类在月球表面留下的足迹也是永恒的。

面，这样一来月球表面就形成了坑坑洼洼的样子，而若是没有其他流星的再次撞击，这些陨石坑就会在很长时间内保持原样，正是因为这个原因月球的表面才会有很多的陨石坑。

不仅如此，月球上也不会产生风化作用。

这也是为什么乘坐“阿波罗 11 号”登陆月球，并在月球表面留下人类最早足迹的阿姆斯特朗的脚印至今仍很清晰的原因。

另外，在月球上所看到的天空，不论是黑夜还是白昼都是漆黑一片的，这是因为月球上没有大气，也就无法进行光的反射等活动。因此说，我们能够生活在地球这个重力适度的地方，真的是很幸运的事情啊！

开心课堂

保持宇宙运转的力量
——重力

●●重力的发现

地球上的所有物体都受到地球对其牵引的力量，即受到重力的作用。牛顿在苹果树下思考为什么苹果会掉落的时候发现了重力的存在。重力是指吸引我们和周围一切物体向地面的力，是作用在一切拥有质量的物体之间的力。

●●计算重力的大小

发现了重力的牛顿，同样也掌握了计算重力大小的方法，那就是著名的万有引力定律。因此，利用万有引力定律就能知道地球和我们之间引力的大小。虽然表示万有引力定律的公式稍微有点困难，但因为是非常著名的公式，希望大家还是记住为好。

$$F=G\times\frac{M\times m}{R^2}$$

在这个公式中，F 是引力，G 是引力常量，M 和 m 是质量，R 表示两个物体之间的距离。有点难吧？看到这个公式，我们就能发现万有引力的大小和两个物体的质量成正比，和它们之间的距离的平方成反比。也就是说，物体的质量越大，之间的距离越近，引力也就越大。

那么，当我的质量为 50 kg 时，地球对我的引力是多少呢？

让我们一起来计算一下，上面提到的公式之中，M 是地球的质量（5.98×10^{24}kg），m 是我的质量，R 是地球和我之间的距离，也就是地球的半径（6400 km），另外 G 是引力常量（6.67×10^{-11}，是经过科学家们的实验所得出的值）。

$$F=G\times\frac{M\times m}{R^2}=6.67\times10^{-11}\times\frac{5.98\times10^{24}\times50}{6400^2}\approx490(\mathrm{N})$$

怎么样，不难吧？地球对我的引力，也就是我所受到的重力，大约为 490 N。现在只要知道质量和距离，就能计算出两个物体之间相互作用的引力的大小！

●●重力？万有引力？万有重力？

我们学到了“重力”或者“万有引力”这一用语，它表示的是拥有质量的两个物体之间相互作用的力。有些人可能会觉得是不是写错字了，或者这两个单词意思是否不同，实际上并非如此，一般来说，物体所受的重力就是地球施予的万有引力（不过严格说来，二者存在微小的差别）。

因此，我们可以说这两个用语表示的是同一个现象，但是首先发现重力的西方国家却并不使用万有引力这一用语，而是更常使用重力（Gravity）或是万有重力（Universal Gravity）等用语。

科学抢先看

关于重力的叙述型问题

在地球上质量为 50kg 的人处于月球上时，他的质量和重量会变成多少？

无论在地球还是月球上，人的质量都是 50kg，不会发生变化。但是重量会比在地球上的时候轻，大致会减少 1/6 左右。在地球上重量为 50×9.8=490(N)，但在月球上的时候重量不会超过 82N。因为月球上的重力只有地球的 1/6，所以人在地球和月球上的重量是不同的。

我们在看电视或电影的时候经常会看到“失重状态”这个词，它是表示没有了重力的状态吗？

在宇宙之中没有重力作用的地方是不存在的。虽然重力的大小会有所差别，但是宇宙是靠无数天体的重力维持的。从理论上来看，不管天体之间离得多远，相互间都会有重力的作用。

那么，“失重状态”究竟该如何解释呢？失重指的是物体对支持物或悬挂物的作用力小于物体所受重力的现象。物体处于失重状态时，并不是说物体的重力减少了，甚至是消失了，只是物体对支持物的压力或对悬挂物的拉力发生了变化而已。

▶▶ 力的合成

两种力合并在一起时会有特别的法则吗

想要成为最棒的运动选手，就需要熟练掌握一些科学原理。

假设 有个射箭选手在刮着大风的天气里依然只是正对着靶子射箭，那他还能称得上是优秀的射箭选手吗？学习过"合力"之后给那个射箭选手写些谏言吧！

生活中的物理故事 1

射箭时有风会怎样呢

在感知风力的同时瞄准靶子的射箭选手们

大多数的运动项目在很大程度上都会受到空气的阻力或是风的影响，这其中最为敏感的项目就是射箭。因为由于空气阻力以及风的方向及其强度的不同，箭有可能会偏离靶心，射到莫名其妙的地方去。

因此，为了让箭在射

出去飞行的时候不受空气阻力的影响，人们在箭的尾部装了箭翎。如果箭以飞快的速度射出，箭会摇摆晃动得特别厉害，而此时箭翎能防止这种震动。另外，箭翎还能够让箭旋转，提高箭飞行的安全性，可以说这是一种从技术上克服空气阻力的方法。

但是风依然是一个很难对付的对象。在射箭比赛时，就算说竞技场上那变化无常的风决定了当天射箭选手们的命运也并不为过。刮风的话，运动服会因风而飘扬，箭飞起来的时候也会带来不好的影响。选手们在比赛的时候本身就很敏感，而当风吹过弓弦发出声响的时候，这也会刺激到选手们紧绷着的神经，使他们的注意力下降。

那么，老练的选手们是如何与风抗衡的呢？选手们平时会进行“误瞄准”的练习。误瞄准指的是根据当时风的方向和大小，将箭射向偏离既定目标的区域，而不是射向原本设定的目标区域。换

句话说，将箭射向误瞄准的目标区域时，由于风的影响，弓箭还是会射在原来既定的目标区域，也就是靶心上。当然，在进行误瞄准时，选手需要极高的技术，随意进行误瞄准的话，箭是无法射到原来预定的目标区域的。因此，在进行误瞄准的时候，选手们需要准确估计出风的强度和方向。

下图就是选手们在误瞄准时脑中想象出的靶子，中间黄色的部分当然就是得分最高的最终目标区域。所有的选手都会调整自己的状态，让箭能够瞄准黄色区域。但是当刮风的时候，选手们就不能盯着黄色区域进行瞄准射箭了，因为在箭飞出去的时候，风会将箭推到其他的地方去。

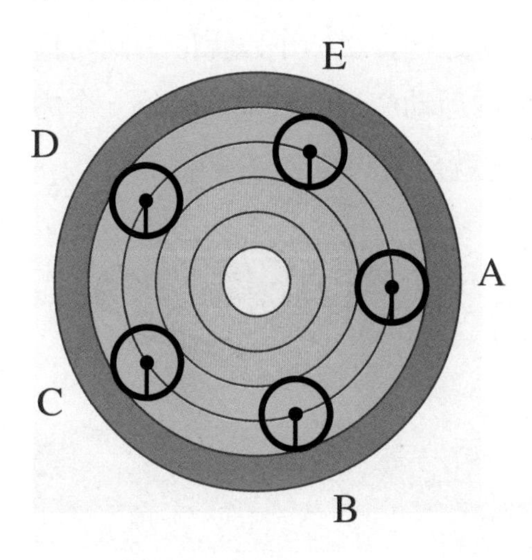

因此，根据风的方向和大小，选手们会定下如图中 A—E 这几个目标，将此作为误瞄准的区域。误瞄准目标区域 A 用于风从右往左吹时；C 是当风从左往右吹而且还有风从下往上涌的时候使用的区域；E 则是当风从右往左吹而且还有风往下吹的时候用作误瞄准的目标区域。

像这样射箭选手们在脑海中勾勒出误瞄准的靶子，就是利用了物理原理，将箭和风的力量合为一体。因此说不懂科学，就无法成为世界顶尖级的射箭选手。当然，如果教导选手的教练团队和训练模式也不科学的话，那也是无法成为世界级选手的。

开心课堂

如果了解力的方向，我也会是个著名的射手

●●力的合成

请看下图，有两个小朋友在拉一个木箱子，旁边有个大人拉的是相同重量的木箱子，此时如果箱子的运动状态是一样的，那么我们就可以当做是力的效果相同。就像这样，当两个以上的力同时作用在一个物体上的时候，它们对物体运动产生的效果与另外一个力单独作用时相同，则这另外的一个力就是它们的合力。

与两个力相同的一个力

●●由于方向不同而有所不同的合力

力可以增加，也可以减少，根据力作用的方向的不同，计算力的方法也会不同，具体有如下的三种情况。

作用的方向相同时

如下图所示，当作用力的方向相同时是非常简单的，只要将二力相加就可以了。举例来说，我们将图中小孩子推马车的力记为 F_1，马拉车的力记为 F_2，这两个的合力就是 $F=F_1+F_2$。

作用在物体上两个方向相同的力的例子有很多，比如当河水流动的方向与船行驶的方向一致时，或者风吹的方向与船行驶的方向一致时。

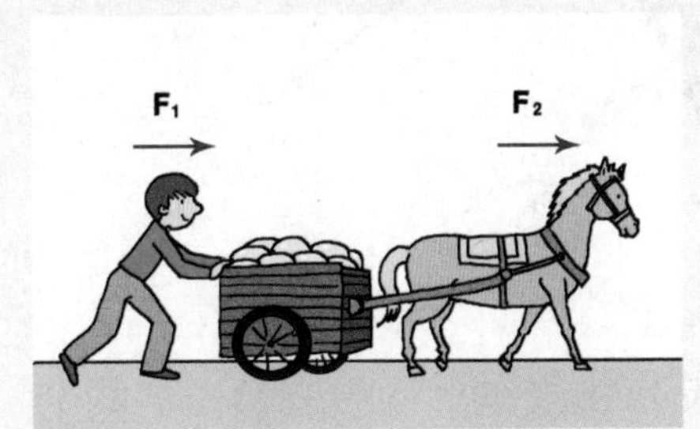

往同一个方向作用的两个力

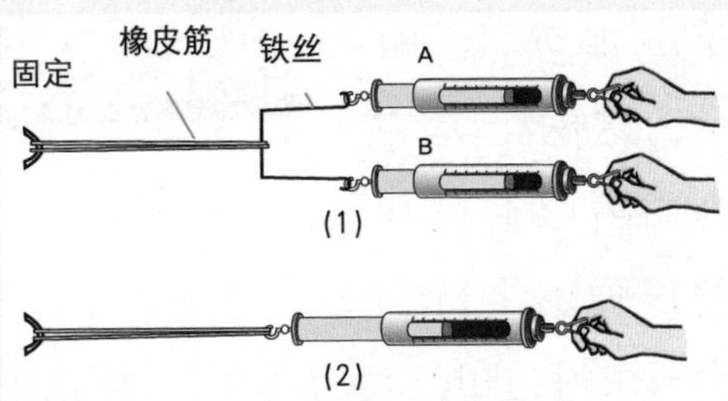

方向相同的两个力的合力

图（1）中弹簧A和B的合力与图（2）中弹簧的力相同

作用的方向相反时

当方向相反的两个力同时作用在一个物体上时，合力的大小就等于力量大的减去力量小的值。下图中，如果将力量大的力记为 F_1，小的力记为 F_2，合力就是 $F=F_1-F_2$，合力的方向与力量大的力的方向相同。

像这样两个方向相反的力作用在同一物体上的例子还有很多，

F_2 ← □ → F_1 = □ → F

$$F_1-F_2=F$$

例如拔河时向两边拉扯的力；当船逆流而上的时候。

作用的方向不在同一直线上时

当作用在一个物体上的两个力的方向不在一条直线上的时候，如右图所示，这两个力的合力可以通过辅助线画出平行四边形求得，即以表示这两个力的线段为邻边作平行四边形，这两个邻边之间的对角线就代表合力的大小和方向，这个法则叫做“平行四边形定则”。

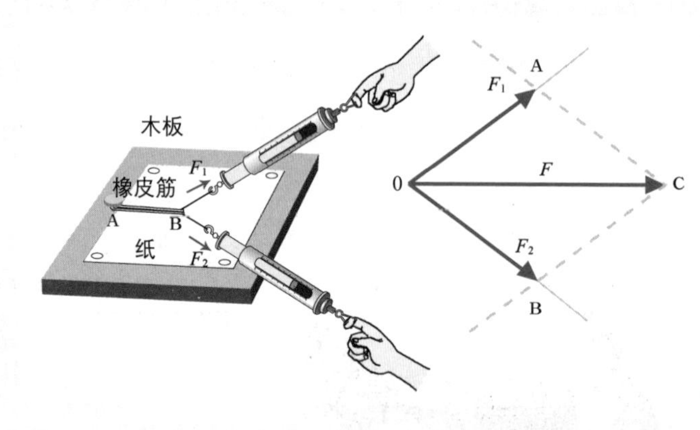

当两个人合力移动一个物体的时候，常常会发生这样的情况：如果两个人所施加的力量越大，并且作用力之间的夹角越小，那么合力也就越大。

如果方向不同的力有好几个的话，就如下图所示，首先选择两

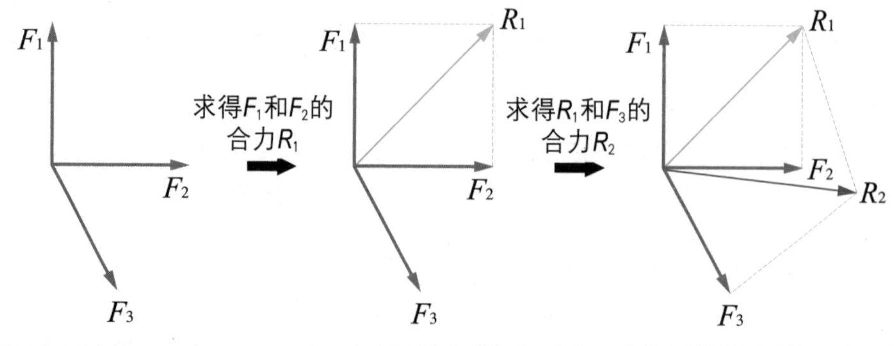

三个力的合成

个力，通过平行四边形定则计算出这两个力的合力，再用同样的方法计算出这个合力和第三个力的合力，直到把所有的力都合成进去。

上面所讲的就是力的合成。在刮风的日子里，射箭选手们在竞技场上正是灵活运用了力的合成，因为射箭选手们比其他任何人都要清楚，往前飞的箭不仅是受到了弓箭本身往前的弹射力，还要受到旁边刮的风力的影响。正是因为懂得了这个道理，所以平时才会科学地进行误瞄准练习。

想要成为真正的最棒的运动选手，光靠运动能力突出还是不行的。虽然射箭选手们并没有去亲自学习，但是他们亲身体验了不亚于科学家们所掌握的物理学知识，其中的原因这下大家都知道了吧！

科学抢先看

关于合力的叙述型问题

下面的例子中有两个大小为 F 的力同时作用在 O 这一点上，请作答。

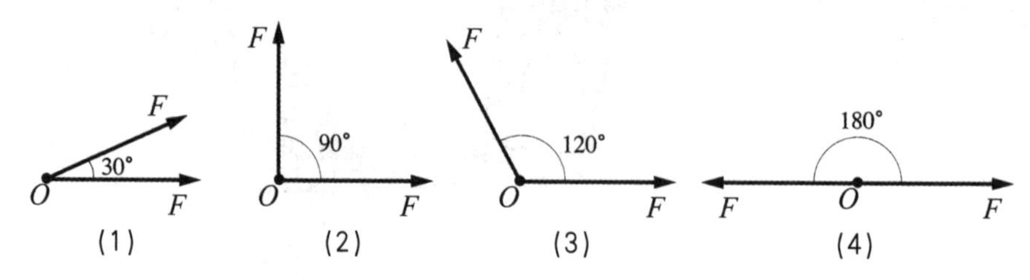

1. 两个力的合力为 F 的是？
2. 合力最大的是？
3. 两个力达到平衡的是？

当两个作用力不在同一直线上时，它们之间的夹角越小合力就越大，夹角越大合力就越小。当它们之间的夹角为 120° 的时候，合力为F；当夹角为 180° 的时候，合力为 0，两个力也达到了平衡。1. 的答案是（3），2. 的答案是（1），3. 的答案是（4）。

如右图所示，当用平行四边形定则计算时，这两个力的合力是多少？

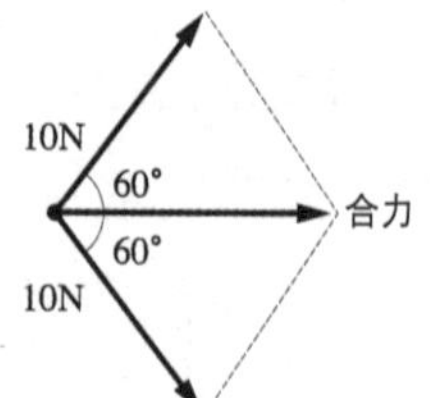

两个力分别为 10N，这两个力的合力就是平行四边形的对角线，此时解题的核心在于那个 60° 的夹角。在三角形中有一个夹角为 60°，而且是有两边相等的等腰三角形，那么这个三角形就是正三角形，因此合力的大小依旧是 10N。

波动

★声波　　声音有什么样的特性

▶▶声　波

声音有什么样的特性

请大家听一听朋友们的声音，声线比较粗的朋友，声音小得像蚊子叫的朋友，声音沙哑的朋友，还有能唱出高音的朋友，大家会发现声音如同人的长相一样各有不同吧？

假设 声波的频率、振幅和波形都是一样的话，大家光听声音还能分辨出是哪个朋友吗？

生活中的物理故事 1

为什么吸了氦气之后说话的声音会变

在韩国的电视综艺节目里，艺人们在吸过氦气之后说话的声音就变了。声线粗犷低沉的男歌手突然就发出了犹如女孩的声音，女艺人的声音听起来就像尖细的蚊子的声音一样。也就是说，无论男艺人还是女艺人，在吸入了氦气之后，说话的声音都一下子变得尖声细气起来。那么，为什么人们在吸了氦气之后声音会变得与以往不同了呢？

人在吸过氦气之后，肺部、嗓子以及嘴里都会被氦气填满，此时说话的声音就会先通过氦气再传播出来，但是氦气比一般的空气要轻（相信大家应该已经知道这个知识点。因为填入了氦气的气球比较轻，所以才能高高地飞上天空），这种比较轻的氦气分子很容易因为外部的振动而产生波动，而声音本来就是通过空气的波动而传播的，因此氦气中声音传播的速度要比在一般的空气中快。

根据科学家的计算，声音通过氦气的传播速度要比通过空气的传播速度快约 2.7 倍。另外，声带振动发出的声音是靠口腔的共鸣作用放大的。氦气传播声音的速度比空气快，所以它的共鸣频率比空气高。当吸入氦气后，口腔的共鸣频率就提高了，此时声音中较高频率的成分就会被放大，所以听起来声音就比平时高了很多。

虽然氦气是对人身体无害的气体，但是如果长时间吸氦气的话，会切断氧气的供应，从而可能会发生呼吸困难的现象，因此这一点需要注意。

生活中的物理故事 2

吸入氪气声音也会有变化吗

韩国电视综艺节目负责人总是煞费心思地想要创造出新的玩意，当发现吸氦气后人的声音会变成蚊子般尖细的声音已经被人们熟知后，他们又找到了新的方法。与氦气相反，这次是让人吸入了比较沉重的气体，因此人不再发出蚊子般较尖细的声音，而是发出犹如老虎一般低沉的声音，此时使用的气体就是氪气。

人们在吸入氪气之后就会发出与吸入氦气之后相反的声音，声音纤细的女歌手唱歌的时候就会发出好像男中音一般粗犷低沉的声音，这种现象又是如何产生的呢?

原因其实很简单，因为与氦气相反，氪气是比空气要重的气体。吸了氪气后会发出低音的原理和吸了氦气后发出高音的原理相反。当比空气要重的氪气填满人的肺部、嗓子，还有嘴的时候，声音传播的速度就会减慢，在口腔中共鸣的频率就会降低。因此，平时唱出高音的女歌手在吸入氪气后唱歌的时候就会发出犹如男歌手的声音来；吸入这种气体的孩子也能发出像爸爸一样的声音来。

另外，氪气在正常条件下是惰性气体，没有颜色、气味，甚至没有任何的味道，但是可能会给人的呼吸带来不好的影响，所以绝对不能随意乱吸。

生活中的物理故事 3

声音也能成为武器吗

1883 年 8 月 27 日上午，印度尼西亚喀拉喀托火山爆发了。喀拉喀托火山这一次爆发是十分猛烈的，其能量大约等同于 1.5 亿吨火药同时爆炸产生的威力。当时的记录上写有火山爆发而发出的声音穿越了印度洋，连距离那里大约有 3200 km 外的居民都听到了。喀拉喀托火山爆发的声音居然如此之响，能够穿越半个地球，这是为什么呢?

原因就在于振幅，振幅指的是物体振动的幅度。我们知道频率的高低决定着声音的音调，振幅的大小决定着声音的响度。而物体振动幅度越大，其发出声音的响度就越大。举例来说，之所以大鼓敲出的声音要比小鼓更响，就是因为大鼓振动的幅度（振幅）比小鼓的要大。

当巨大的钟被敲响时，因为振幅的关系，甚至可能会危及周围人的生命。据说巴黎圣母院中那口巨大的钟所发出的响声就曾经多次振伤人的耳膜或是振破人鼻子里的血管。

运用这个原理，法国的科学家还曾经利用飞机的引擎制作过声音武器。虽然声音武器的频率很低，但是由于它的振幅较大，因此能发出巨大的声响，据说它影响到区域的半径足足有 7 km 之大。因为振幅大而频率低的声音会使我们身体重要的内脏发生振动，因此受到这个武器攻击的人会产生呕吐和眩晕的症状，严重时甚至还会受到致命性的伤害。

开心课堂

揭开声音的秘密

●●频率的高低决定了声音的音调

大自然中存在着各种各样的声音，有的听起来音调很高，有的听起来却比较低，这是为什么呢？到底是什么因素决定着声音音调的高低呢？

由于每个人声带的大小和形状都是不同的，因此其振动频率就会有所不同。频率指的是物体在 1 秒钟内所振的次数。声音频率使用“赫兹”（Hz）作为单位。

因为频率的差异，每个人所发出的声音音调都会有所不同。频率越高音调就越高，也就是会出现高音，听起来比较尖细；频率越低音调就越低，也就是会出现低音，听起来比较低沉。如果比较一下妈妈和爸爸的声音，就会发现妈妈的音调比爸爸的要高，如果说妈妈是女高音的话，那爸爸就是男中音或者男低音了。这是因为女性声带振动频率要比男性快。另外，小孩子的音调之所以会比成人的要高，也是因为小孩子声带振动的频率快于成人的缘故。

请看下图，图（1）中物体振动的次数比图（2）的要少，也就

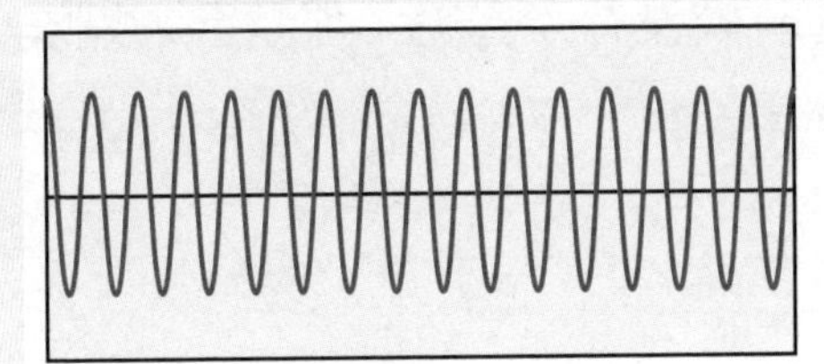

（1）频率较低的时候

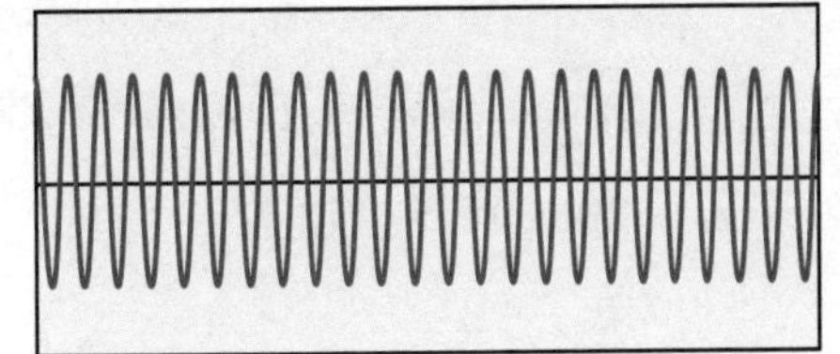

（2）频率较高的时候

是频率比较低。因此，我们在分析声音的频率时，爸爸低沉的声音就和图（1）相似，而妈妈尖细的声音就和图（2）相似。

再用乐器来举个例子如何？大家都知道小提琴的声音（高音）要比大提琴的高吧，这是因为小提琴的琴弦要比大提琴的琴弦振动得更快的缘故，即小提琴琴声的频率要比大提琴的高。

请看右表，音律用“多、来、米、发、梭、拉、西”表示，此时低音“多”的频率为 261.6 Hz，“来”的频率为 293.7 Hz，高音“多”的频率为 523.3 Hz，你是不是发现音调越高，频率也越来越大啊？

音	音名	频率 (Hz)
A		220.0
$A^{\#}$、B^{b}		233.1
B		246.9
中央 C	多	261.6
$C^{\#}$、D^{b}		277.2
D	来	293.7
$D^{\#}$、E^{b}		311.1
E	米	329.6
F	发	349.2
$F^{\#}$、G^{b}		370.0
G	梭	392.0
$G^{\#}$、A^{b}		415.3
A	拉	440.0
$A^{\#}$、B^{b}		466.2
B	西	493.9
C	多	523.3

一般音的频率

“嘤嘤……”的蚊子叫声之所以听起来会是高音，也是由于频率的关系。蚊子的翅膀在 1 秒钟内大约会扇动 512 次（1 秒钟内扇动翅膀 512 次，频率就是 512 Hz），512 Hz 的频率是相当高的。相反，苍蝇的“嗡嗡……”声听起来相对比较低，这是因为苍蝇振动翅膀的频率只有蚊子的一半左右，大约为 226 Hz。

那么，为什么蝴蝶扇动翅膀的时候没有声音呢？那是因为蝴蝶翅膀扇动的频率只有 10 Hz，是非常低的，而人耳能听到的频率在 20 Hz ~ 20000 Hz 之间。

●●振幅的大小决定了声音的响度

振幅表示物体振动的幅度，也就是指物体振动时偏离原来位置的程度。请大家想象一下，若是在大鼓和小鼓的上面都放上小米粒，并同时开始敲击的话，哪个鼓上面的米粒会跳得更厉害一些呢？大鼓上的米粒当然会比小鼓上的跳得更欢了，不是吗？此时米粒跳动的高度就是鼓的振幅，因为大鼓的振幅比小鼓的振幅大，所以大鼓的声音能量也要大于小鼓，因此才能发出比较大的声响。

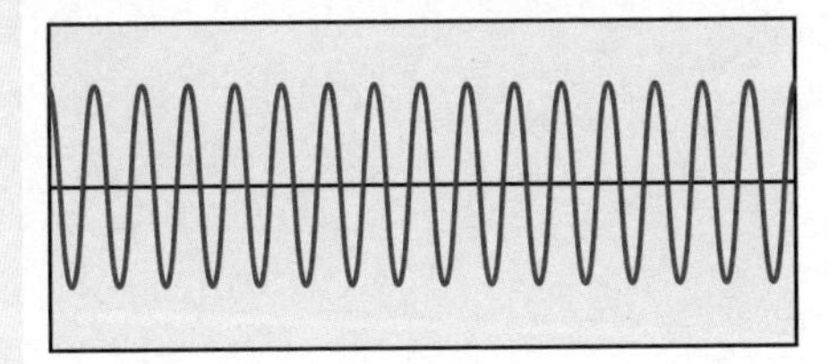

（1）用力击鼓的时候

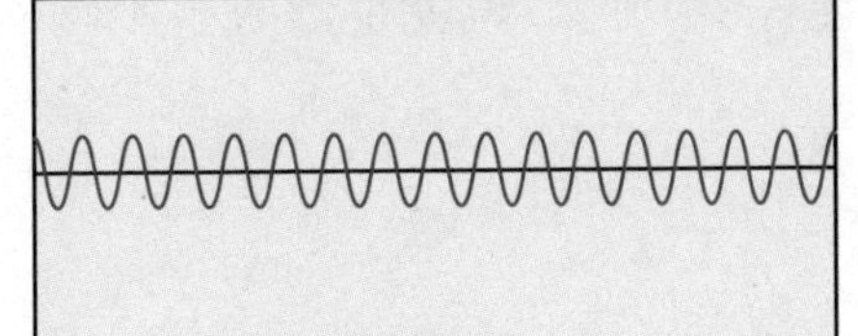

（2）轻轻击鼓的时候

那么，为什么振幅大的声音听起来就比较大呢？这和声音的特性有着很大的关系。“声音”之所以会被我们听到就是因为物体的振动引起了空气的波动，形成声波，声波波动又传到了我们耳朵里，引起耳膜的振动，这种振动经过听小骨及其他组织传给听觉神经，听觉神经再把信号传递给大脑，这样我们就能听到“声音”了。声音的响度（*声音的强弱*）主要决定于传入我们耳朵的声波的振幅，因为声波振幅越大，推动人们耳膜的力量也就越大，耳膜振动得也就越厉害，所以声音听起来就更响。相反，声波振幅小，耳膜振动得不厉害，声音听起来就轻。

块头越大的动物或人越能发出较大振幅的声波，因为他们比块头小的动物或人的声带肌肉更为发达，呼吸量也更大。因此比起我们家中小猫发出的“喵喵”声，丛林中老虎发出的“吼吼”的吼声要响亮得多。

当然，除此之外，声音的响度还与声源的远近有关。

●●波形决定音色的不同

即使声音音调的高低和响度的大小都是相同的，但声音有时听起来也是不同的，这是因为音色不同。钢琴所演奏出的“多”和小提琴拉出的“多”听起来就很不一样吧，这就是最简单的例子。音色不受音调、响度的影响，但当声波的波形不同时，声音听起来就会有所不同，也就是形成了不同的音色。

科学抢先看

关于声音的种类的叙述型问题

下图展示了声音的波动，请据此做出回答。

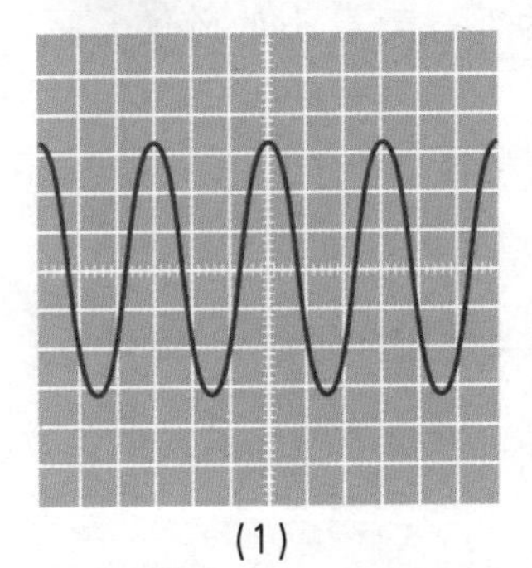

(1)

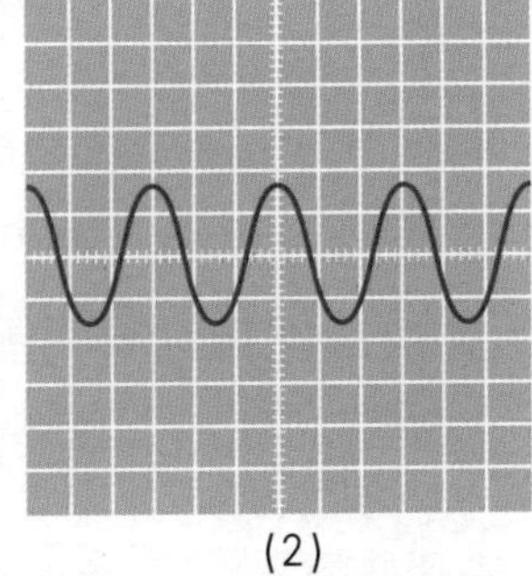

(2)

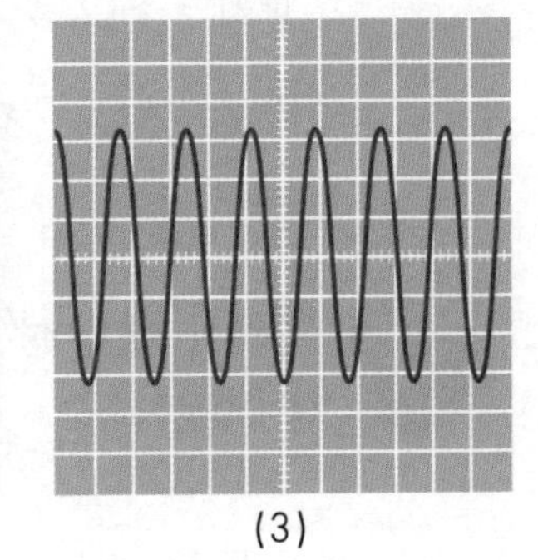

(3)

1. 请比较图（1）、（2）、（3）中的频率。

图（1）和图（2）中在相同的时间内振动的次数相同，因此频率相同；而图（3）的振动次数比图（1）和图（2）的多，因此频率也比它们高。

2. 请比较图（1）、（2）、（3）中的振幅。

图（1）和图（3）中波形的高低相同，因此振幅相同，而图（2）比图（1）、图（3）的振幅小。

3. 请写出上图中音调最高的声音和声响最小的声音。

音调最高的声音是频率最高的图（3），声响最小的声音是振幅最小的图（2）。

弟弟往几个玻璃杯里倒入多少不一的水，然后像敲木琴一样演奏了起来，那么什么样的玻璃杯发出的声音最高？

当杯子里盛上水，像敲木琴一样演奏的时候，能够发出最高音的是没有倒入水的玻璃杯。原因如下，敲击玻璃杯时，敲击的力使杯子发生振动，这种振动会导致周围的空气发生波动从而将“声音”传播开来。但是玻璃杯里加入水后，玻璃杯和水接触到的部分基本不发生振动，所以想要发出高音，即发出频率高的声音的话，就要更多地去振动玻璃杯才行，或者说是在水和杯子接触的部分为最小的时候，也就是没有放水的时候。

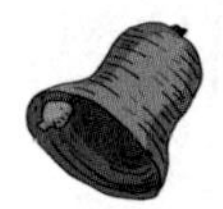

演奏小提琴时，更快速地拉动琴弓，琴弦的振动会有什么变化呢？

像小提琴这类弦乐器，它们能发出声音靠的是弓和弦之间摩擦所引起的琴弦的振动，即用弓拉动琴弦，因为两个物体之间有摩擦，琴弦会发生振动。如果弓摩擦得更快的话，琴弦左右振动得也会更快，振幅也会变大；而振幅变大小提琴声的响度也会变大，即会发出更大的声音。

运动

★物体的运动　　物体是如何实现运动的

★方向发生变化的运动　　摇摆的物体也有其运动规律吗

★不受力的运动　　运动的物体有什么性质

★受力物体的运动（加速度定律）　　受力的物体会做什么运动

★受力物体的运动（作用力与反作用力）　　作用力与反作用力的原理是什么

▶▶ 物体的运动

物体是如何实现运动的

科学中的术语和日常生活中用语的概念是不同的，在这里我们会为大家介绍计算速率和速度的方法，并且我们将一起学习它们之间的不同之处。

假设 两个人以相同的速率往不同的方向奔跑，那么，他们的速度也是不同的。在学习过瞬时速度和平均速度的概念之后，我们也会懂得更有利于长距离和短距离跑步的是什么。

生活中的物理故事 1

奥运会上跑得最快的人是谁

在地球上的动物中，跑得最快的动物是猎豹，猎豹的最快速度约为 96 km/h，因此才可以将斑马当成猎物。那么，在我们人类当中，跑得最快的又是谁呢？

我们以奥运会上表现突出的运动员来举例，在 2008 年北京奥运会上，牙买加运动员博尔特在男子 100 米决赛中以 9 秒 69 的成绩刷新了世界纪录。而在男子 200 米决赛中，还是博尔特夺得了冠军，并再次打破世界纪录，成绩是 19 秒 30。

那么，夺得 100 米和 200 米两项冠军的博尔特，到底在哪一场比赛中跑得更快呢？估计大家很难立刻给出答案，因为跑的距离是不一样的。一般来说，当我们从科学的角度比较快慢时，我们会比较在相同的时间内谁跑得更远，或者跑完相同的路程时谁用的时间更短。

运用下面简单的公式，我们就能很轻松地计算出结果了，用这个公式来计算博尔特两次的速度，结果如下：

- 100 米时的速度 $= \dfrac{\text{位移}}{\text{所需时间}} = \dfrac{100\,\text{m}}{9.69\,\text{s}} \approx 10.32\,\text{m/s}$

- 200 米时的速度 $= \dfrac{\text{位移}}{\text{所需时间}} = \dfrac{200\,\text{m}}{19.30\,\text{s}} \approx 10.36\,\text{m/s}$

计算得出的结果中，博尔特在100米决赛中的速度约为10.32m/s，而在200米决赛中的速度约为10.36m/s，因此博尔特在200米中跑得更快一些，要比在100米中快0.04m/s，也就是说在1秒的时间内，博尔特多跑了0.04米的距离。

生活中的物理故事 2

速度和速率有什么差别

1998 年在美国新奥尔良举行的田径比赛中，莫里斯· 格林创造了新的世界纪录，他以 9 秒 84 的成绩跑完了 100 米。但是这项纪录却没有被官方认可，因为在比赛时，当时顺风的风速为 3.3 m/s。

对于连 0.001 秒或是 0.001 米都极为宝贵的 100 米跑、200 米跑、跳远、三级跳等项目来说，风起着至关重要的作用，因为在提高选手原有速率方面，风的影响是很大的。曾有体育运动科学研究表明，当顺风的风速为 2 m/s 时，对于男子赛跑来说能起到缩减 0.1 秒时间的效果，而女子则能缩减 0.12 秒。因此，在这些项目中，风速的标准限定在了 2 m/s。但是现如今 2 m/s 的规定同样引起了争论，因为根据现在的规定，当参赛选手背后的风速达到 2 m/s 时，这名选手的纪录将与其相差 0.1 m/s 的选手的纪录持平。但是在室外的田径赛场上，一点儿风都不刮是完全不可能的，所以如何解决这一问题，谁都无法给出一个更令人满意的提案。

不过，在这里我们需要来看一个词，前面我们一直使用的是速度这个词，而在这里我们用了“速率”这个词。大家也许会想：速率和速度有什么不同，或者是相同的吗？

速度和速率是不同的概念，通常我们更常用速度而不是速率，速度与速率不同的地方在于它是否包含了“方向”这个要素。（日常生活中或物理学中说到的“速度”，有时指的就是速率。）

速率用位移除以所需时间计算求得，此时，并不考虑物体是往哪个方向移动，不管物体是向前还是向后移动，只要用它位移除以所需时间求得结果就可以了。但是速度却一定要考虑方向的问题，比方说，当汽车移动的时候，往前移和往后移的速度就是不同的。

速度是可以增加或减少的，当我们从后方推动运动着的秋千，让它看起来能够飞得更高时，因为移动的物体和施加的力的方向相同，速度就会提高；相反，当对移动的物体施加与其运动方向相反的力的时候，速度就会降低。

因此，当以 10 m/s 的速度奔跑的选手身后刮起了速度是 2 m/s 的风（顺风）时，就会产生速度提高的效果，选手就会以 12 m/s 的速度开始奔跑。相反，当选手跑步的方向和风的方向相反时，即逆风而跑的时候，速度就会降低。所以对于以 10 m/s 的速度奔跑的选手来说，若是迎面刮起了 2 m/s 的风的话，选手的速度就会变成 8 m/s。在这种情况下，即便是相同的选手以相同的速度跑步，也会因为风向的不同而产生足足 4 m/s 的差距，这就是 1 秒跑 4 米的差距，所以莫里斯· 格林的世界新纪录当然是不能被认可的。

开心课堂

速度和速率

●●速度和速率的区别

如果汽车在10秒内移动了100米，它的速率就是10 m/s，但是当汽车往前移动的时候它的速度也是10 m/s，相反当汽车往后移动的时候，它的速度则是−10 m/s了。速率和速度的不同就在这个“−”上，此处的“−”表示的是“相反的方向”。

举例来说，我们比较一下以100 km/h的速度坐车从韩国的大田到釜山，以及以100 km/h的速度坐车从大田到首尔的情况。

速率都是100 km/h吧？但是速度却是不一样的，因为以大田为基准的话，首尔和釜山的方向是不同的。如果说开往首尔的速度是100 km/h的话，那么开往釜山的速度就该是−100 km/h了，相反，如果开往釜山的速度是100 km/h的话，那么开往首尔的速度就是−100 km/h。

科学抢先看

关于速度和速率的叙述型问题

100m/9.85

在2004年雅典奥运会的男子100米赛跑决赛中，美国运动员贾斯汀·加特林以9秒85获得冠军，第二名葡萄牙运动员弗朗西斯·奥比奎卢的速度是9秒86。如果两人以与这次相同的速度跑上20秒的话，谁能跑得更远呢？

因为速度=位移/所需时间，所以位移=速度×所需时间。但是这里需要提到一点，一般人们说到奥运会选手的速度时使用的9.85秒，意思是跑完100米距离用了9.85秒，但是正确表达速度的说法，应该是100÷9.85=10.152(m/s)，因此说加特林的速度为10.152m/s才是科学正确的表达。同样奥比奎卢的速度应该为100÷9.86=10.142(m/s)。

由此可以得出，加特林20秒跑出的距离是10.152×20=203.04(m)，而奥比奎卢则是10.142×20=202.84m，所以两人距离的差异为203.04−202.84=0.2(m)，根据计算结果来看，加特林要多跑出0.2米的距离。

容易出错的简易计算方法

经常有人会误以为加特林的速度是9.85m/s，从而将他的位移计算成9.85×20=197(m)；而将奥比奎卢的位移计算成9.86×20=197.2(m)，若是照此进行计算的话，结果就会是奥比奎卢多跑了0.2米的距离，这是错误的计算方法。

▶▶ 方向发生变化的运动

摇摆的物体也有其运动规律吗

我们可以从周围的运动中找出无数的科学原理和法则，当我们了解了游乐园设施的运动原理之后，就能更加充分地享受其中的乐趣。

假设 海盗船在来回摆动时，如果左边比右边花得时间更长，那么，估计人们都会坐到左边去了吧？

生活中的物理故事 1

海盗船摆动的时间一直是相同的吗

若是和朋友们一起到游乐园，找到人们喊叫声最疯狂的地方一看，你会发现一条貌似海盗船模样的船在空中来回摆动，这个游乐设施就叫海盗船，即使不亲身体验一回，光看看也会觉得心惊胆战的。

游乐园里超有人气的海盗船

海盗船就如同秋千一样会进行来回往返的运动，仔细观察船的底部，你会发现那里悬挂着滚轴，滚轴的作用在于

将海盗船推向高空，但实际上海盗船之所以会获得力量，其原因是源自地球的重力。飞得很高的海盗船因为重力的作用才会下降，此时因为做了加速运动，所以速度会加快，当它再次上升的时候速度又会减慢，这种速度的变化是人们平时无法感受到的，所以能让人享受到一种特别的快感。

但是如果测定一下海盗船左右摇摆的时间，大家就会发现一个惊人的事实，海盗船上坐满人的时候和海盗船上没几个人的时候，其来回摆动一次所需要的时间是相同的，而且固定时间内来回往返的次数也是没有变化的。另外，我们在玩荡秋千的时候，一个人荡秋千和两个人一起荡秋千时来回一次所花的时间也是一样的，不管腿弯得比较低还是蹬得比较直，摆动的时间都是一样的。

我们可以通过一个简单的实验来进行验证，将橡皮挂在一根绳子上进行摆动，挂上一块橡皮的时候和挂上两块橡皮的时候摆动一次所需要的时间都是一样的。只不过，这时绳子的长度必须一致才行。

海盗船、秋千、钟摆、挂在绳子上的橡皮，我们将这些左右摇摆的物体的运动称之为“振动”，第一个发现振动规律的人是 17 世纪意大利的科学家伽利略。

教堂里的吊灯

有一天，伽利略来到大教堂，坐在一张长凳上，他发现教堂大厅中央的巨灯突然晃动起来，吊灯像钟摆一样晃动着。伽利略目不转睛地盯着摆动的吊灯，同时，他用右手按着左腕的脉搏，计算着吊灯摆动一次脉搏跳动的次数，以此计算吊灯摆动的时间。结果，伽利略发现了一个秘密，就是吊灯摆一次的时间，不管摆动的圆弧大小，总是一样的。开始吊灯摆得很厉害，渐渐地，它慢了下来，可是，每摆动一次，脉搏跳动的次数是一样的。

最终，伽利略反复做了多次实验后得出结论，那就是决定摆动周期的，是摆绳的长度，而和它末端的物体重量没有关系，只要摆长不变，所有的东西，不管轻重大小，来回摆动一次所用的时间是相等的。

伽利略还根据这一科学原理，发明了世界上最早的能够测量出脉搏数的脉搏仪，脉搏仪在当时可以说是划时代的医学工具，给诊断治疗带来了很大的帮助。

开心课堂

悬挂海盗船的柱子长度的秘密

●●摇摆的摆砣

是指一直在摇晃的摆砣，像是钟摆、秋千或是挂在线上的石子儿等。另外，摆砣持续在同一地点进行的来回往复运动被叫做“振动”，要让摆开始运动的话，需要在外部施力使摆砣抬高到一定的高度，这之后的运动就受地球重力的影响。如果在完全没有摩擦的真空状态下，摆的运动会永远持续下去。

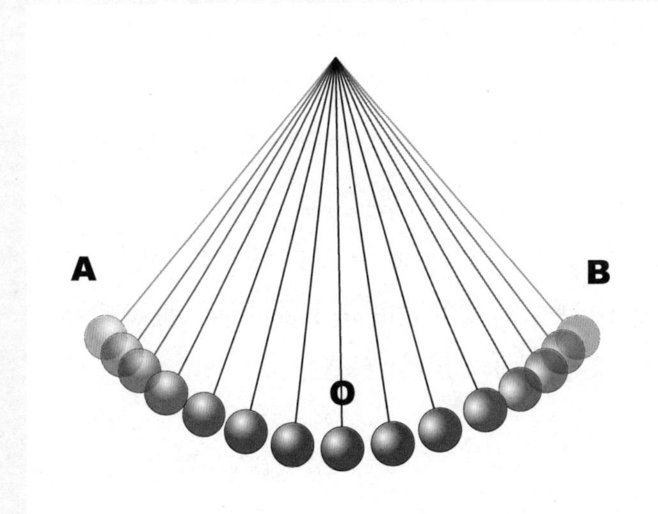

振动

如图所示，像这种来回摆动的运动叫做振动

●●了解之后会发现周期和频率很简单

学习振动的时候大家感到最难的部分大概就是“周期”或“频率”了，这是因为这些术语对大家来说可能有些陌生，其实了解之后你会发现它们并不难。

周期指的是摆从原点出发又再次回到原点所需的时间。举例来说，如果上图中从A点出发，途经B点又再次回到A点所需要的时间是10秒的话，那么周期就是10秒；另外1秒之内摆来回往返的次数就叫做频率。举例来说，如果摆在1秒之内来回10次的话，那么它的频率就是10赫兹。周期使用时间单位“秒”为单位，而频率的单位则是赫兹（Hz）。

周期和频率之间有着特别的联系，二者呈倒数关系，只要将周期的倒数当成频率，而将频率的倒数考虑成周期就可以了。

举例来说，在上图中如果摆从A点出发，按照O→B→O的顺序再次回到位置A时所花的时间为10秒，那么周期就是10秒，而频率就是10的倒数1/10=0.1 Hz，即摆在1秒的时间内摆动了0.1回。如果说摆从A点出发，按照O→B→O的顺序再次回到位置A，这种动作来回反复10次所需要的时间是1秒的话，那么频率就是10 Hz，周期就是频率的倒数1/10=0.1秒。

●●振动的特征

大家一定要记得，振动的周期和频率与摆的重量或振幅是没有任何关系的。换句话说，不管摆的质量（或者重量）是轻还是重，它的周期和频率都是一致的；另外，不管摆动的幅度是大（振幅大）还是小（振幅小），它的周期和频率也都是一致的。

那么，大家一定很好奇，摆的周期和频率究竟会因什么而改变呢？秘密就在悬挂摆的那根绳子的长度上，如果摆绳长度缩短的话，那么摆的周期也会缩短。因此，若是想要海盗船摆动得更为迅速，只要缩短悬挂海盗船支柱的长度就可以了；若是想要快速地荡秋千，也只要缩短悬挂秋千的绳子就可以了。

科学抢先看

关于振动的叙述型问题

地球以太阳为中心进行周期性的运动，如果地球环绕太阳一圈需要 365 天，那么地球运动的周期是多少呢？

因为周期指的是做往复运动的物体回到原点时所需要的时间，所以地球的运动周期就是 365 天。

计算了一下游乐园里海盗船的周期，结果大约为 2 秒，那么海盗船的频率是多少呢？

因为频率就是周期的倒数，所以频率为 1/2=0.5。频率使用 Hz 作为单位，所以应该是 0.5Hz。

朋友荡的秋千比我荡的秋千在来回一次上所花的时间要长得多，原因是什么？

因为朋友荡秋千的绳子的长度要更长一些。决定秋千周期的因素与荡秋千的人的体重无关，和秋千摆动的次数也无关，只和悬挂秋千的绳子的长短有关。

▶▶ 不受力的运动

运动的物体有什么性质

相信大家应该见过，当公共汽车急刹车的时候人的身体会因前倾而找不到重心跌倒的情况。

假设 没有惯性定律的话，当公共汽车急刹车的时候我们能找准身体的重心吗？

生活中的物理故事 1

为什么短道速滑选手在滑冰时身体是倾斜的

短道速滑是冬季奥运会比赛项目，这是一项选手穿着冰鞋在111.12米的短跑道上进行的比赛。

短道速滑选手们比赛的情景

如果仔细观察短道速滑比赛，大家会发现一个有趣的现象，首先请大家看看这张照片，选手们一开始出发的时候是站得很直的姿势，比赛开始后他们就会像照片中那样，从头到尾

都几乎一直保持着身体内倾的姿势进行比赛，这是为什么呢?

这是因为在短道速滑中，曲线运动的时间要比直线速滑的时间多，虽然在总长度为111.12米的跑道中，曲线跑道所占的比重为48%（53.4米），但是仔细分析选手运动的轨迹，结果显示超过80%都是曲线运动，这是因为在进入拐弯处和离开拐弯处的时候都是在做曲线运动。

在曲线运动如此多的短道速滑中，决定胜负的一个重要因素就是惯性。短道速滑是在半径很小的曲线跑道上疾速奔驰，当在曲线跑道上旋转的时候，身体一直会受到一股往外面推的力量，因此选手们都会尽可能地放低身体，并将身体向内侧倾斜，为了不让自己摔倒，一只手还要扶着地面。此时如果选手不能很好地理解作用在自己身上的惯性原理，就会很快从轨道偏离而滑到外场。

个子高的运动员受到的惯性也大，所以短道速滑选手大部分的身高都在165 cm~175 cm之间，比起其他运动项目的选手来个子都不会太高。

开心课堂

围绕太阳旋转 从不休息的地球的秘密

●●保持原有运动状态的惯性

大家可能都有过这样的经历，在我们骑自行车的过程中，虽然脚下已经停止用力蹬脚踏板，后面也没有人施加任何的力量，但是自行车还是会继续向前运动，这种情况产生的原因是因为有“惯性”这种运动特性的关系。宇宙中存在的所有物体都有着静止的物体想要继续保持静止，运动的物体想要继续保持运动的性质，如果说自行车车轮和地面之间没有摩擦，并且不存在空气阻力的话，估计自行车会一直前行到地球的尽头。

类似的情况在我们的生活中有很多，当我们坐公共汽车的时候，如果公共汽车突然启动，我们的身体会受到一股向后倾倒的力，相反，如果行驶中的公共汽车突然刹车，我们的身体也同样会受到一股方向相反的力。这是因为虽然公共汽车停止了运动，但是我们的身体却有着想要保持原来运动状态的惯性。换句话说，虽然公共汽车往前行驶，但是我们的身体具有想要留在原位的惯性所以会向后倒；而当公共汽车想要停止的时候，我们的身体又会由于想要继续前行的惯性而向前倾倒。

太阳系开始产生的时候，地球就开始了公转和自转，而这种运动一直维持到了现在。围绕太阳进行公转的地球持续数十亿年无变化地继续着它的公转和自转，这也都是因为有惯性的存在。虽然最初想到惯性这个概念的人是伽利略，但是将这一概念概括出一条重要规律的人却是牛顿，因此我们将惯性的定律称为“牛顿第一定律”，或者“惯性定律”（如果物体不受外力或只受到平衡力的作用，原来静止的物体就会永远静止，而原来做匀速直线运动的物体会永远保持匀速直线运动状态，这就是牛顿第一定律）。

●●短道速滑中的惯性定律

当我们乘坐着汽车行驶在羊肠小道上的时候，如果汽车转弯的话，我们的身体也会往转弯方向的相反方向倾斜。我想大家应该都有过这样的经历，说不定有些人还会觉得汽车里是不是有鬼在推我们，其实，此时推我们的力量并不是谁施加给我们的力量，而是因为惯性的关系而产生的力。

如果汽车在转弯时，也就是改变方向的时候，我们的身体就会受到想要保持之前方向的惯性的影响，受到一股与汽车转弯方向不同，向相反方向倾斜出去的力。

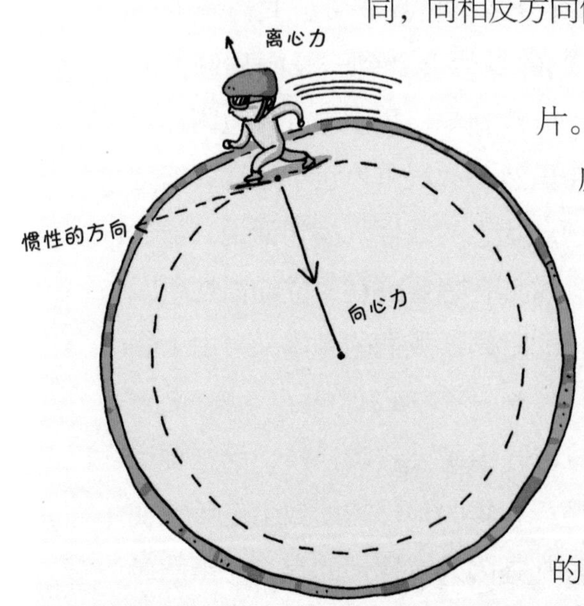

好，那么请大家看看左边的图片。在图片中，短道速滑选手正朝着虚线箭头指向的方向前进，而跑道是黑色的圆形区域，这样，受到惯性作用的短道速滑选手会不断地受到往虚线外而去的力量，这就是离心力。离心力是因为惯性定律产生的力量，就是说，就算外部没有施加任何的力，离心力也是会自动产生的。

科学抢先看

关于惯性的叙述型问题

下面的照片是自行车比赛的赛车场，为什么赛车场地面的倾斜幅度如此之高呢？

旋转的物体因为惯性定律的关系会一直受到一股向外的离心力，在赛车场赛道上快速运转的自行车也是一样，但是进行自行车比赛的选手无法像短道速滑的选手那样用一只手去扶住地面，所以赛车场的赛道地面越往外围的地方就会越高，设计成有一定的倾斜度，这样就会减少离心力对自行车选手的影响。

进行自行车比赛的赛场

游乐园里可以看到很多有惯性的例子，请举例进行简单说明。

仔细观察过山车轨道，就会发现往右侧弯曲的轨道其左侧部分比较高，而往左侧弯曲的轨道其右侧部分比较高，这是因为快速奔驰的过山车和坐过山车的人在旋转的时候会受到向外的惯性，如果这股力量太大的话就会产生危险，因此人们通过轨道的倾斜来减少惯性的影响。

▶▶ 受力物体的运动（加速度定律）

受力的物体会做什么运动

相信大家应该见过，当公共汽车急刹车的时候人的身体会因前倾而找不到重心跌倒的情况。

假设 没有惯性定律的话，当公共汽车急刹车的时候我们能找准身体的重心吗？

生活中的物理故事 1

蹦极也是加速运动吗

我们在看电视综艺节目的时候偶尔会看到蹦极的场面。蹦极源自于南太平洋瓦努阿图的彭特科斯特岛，岛上的居民每年春天都会举行一场成人仪式，成人男子需要爬到树的顶端，用一种藤编织成绳索绑住自己的脚踝再一跃而下，以此来表现自己男子汉的勇气。

但是人们为什么要玩蹦极呢？我曾经听玩过蹦极的人分享他们的经验之谈，当人站在高处的时候会产生恐惧感，而蹦极就是用自己的意志去战胜这种恐惧感，由此带来的胜利感以及往下坠落时那刺激的快感正是人们玩蹦极所要追求的。他们说得不错，因为由于速度的关系，当人往下降落时会体验到一种刺激的感觉。

那么，蹦极也就是从上往下降落的人是在做什么运动呢？速度会越来越快吗？还是会减小？如果再加速的话会加速到多快呢？

从科学的角度来看，蹦极是一种加速运动，因为在地球上向下掉落的运动都是受重力影响的，所以也可以称之为重力加速度运动。因为地球上的重力加速度为 9.8 m/s²，所以玩蹦极的人的速度是如下进行变化的：

1 秒后是 9.8 m/s

2 秒后是 9.8 m/s ＋ 9.8 m/s=19.6 m/s

3 秒后是 19.6 m/s ＋ 9.8 m/s=29.4 m/s

4 秒后是 29.4 m/s ＋ 9.8 m/s=39.2 m/s

5 秒后是 39.2 m/s ＋ 9.8 m/s=49 m/s

……

即重力加速度为 9.8 m/s² 的意思是指物体的速度每秒都会增加 9.8 m/s，用简单的公式来进行表达的话就如下所示：

后来的速度（V）= 初速度（V_0）+ 加速度（a）× 时间（t）

如果说蹦极的地方无限高，蹦极的绳子无限长，而又不会受到空气阻力影响的话，那么，请大家利用前面的公式计算看看 100 秒之后人的速度会达到多少。

100 秒后的速度 =9.8 ＋（9.8×100）=989.8（m/s）

1 秒约 1000 米的速度是非常快的速度，这个速度大约是声速的 2.5 倍，等同于子弹飞出的速度。

如果按此速度继续下落，估计大部分人都会晕厥过去的。不过这么长的蹦极绳子是不存在的，而且空气阻力也是存在的，所以在经过一定的高度之后速度就不会像开始那么快了。因此，特技跳伞运动也是可行的，因为即便是从天空中降落的雨水的速度，在达到一定的速度后也不会再加速了。

开心课堂

受力物体的加速运动

●●匀加速直线运动

加速运动指的是速度发生变化的运动，速度可以变快或变慢，总之哪怕速度只有一点变动，都可以称之为加速运动，请看下图。

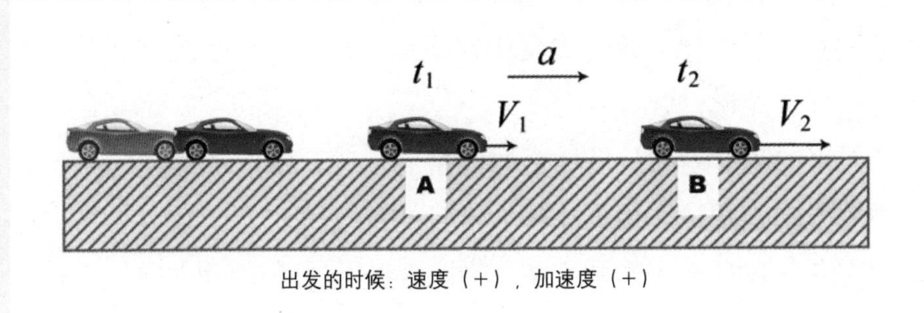

做加速运动的小汽车

有加速就是指速度有变化，此时速度变快的话会有（+）加速度，速度变慢的话会有（−）加速度，另外，速度随着时间均匀的增加就是匀加速直线运动。

我们假设图中的小汽车现在以 10 m/s^2 的加速度移动，那么 2 秒后小汽车的速度会变成多少呢？当然是变成 20 m/s，3 秒后就会变成 30 m/s。

这个运动可以看做是每秒速度都会固定增加 10 m/s 的运动，像这种速度均匀增加的运动，我们用了表示等量的“匀”字，给其取名“匀加速直线运动”。

因此，匀加速直线运动指的是速度不停地在均匀增加，下面是发生加速直线运动时计算速度变化量和位移的公式：

后来的速度 (V) = 初速度 (V_0) + 速度的变化量
速度的变化量 = 加速度 (a) × 时间 (t)
$\Longrightarrow$
后来的速度 (V) = 初速度 (V_0) + 加速度 (a) × 时间 (t)，即 $V=V_0+at$

●●关于加速度的定律

想要产生加速度运动就一定要对物体施加力，加速度的存在表示速度发生了变化，速度的变化并不是自然而然产生的，而需要施加力。

因为加速度运动是借助力而产生的运动，所以加速度的方向会和力的方向相同，作用力比较大产生的加速度也会比较大。当力和运动方向一致时产生的是（＋）加速度，当力和运动方向相反时产生的是（－）加速度，而此时若是作用力相同，就会形成速度变化相同的匀加速运动。

蹦极就是代表性的匀加速运动，因为当人往下降落的时候，会持续受到一定大小的重力影响。当然，之后人随着蹦极的绳子再次往上反弹则是因为受到了一种叫做弹力的力的作用，那就是比较复杂一点的运动了。

牛顿认为运动中的所有物体之所以会加速都是因为受到了力的作用，这就是“牛顿第二定律”或者叫“加速度定律”，可以用 $F=ma$ 这个简单的公式来表达，在这个公式中 F 表示力，m 是质量，a 是加速度，即物体的加速度的大小和作用力成正比，和物体的质量成反比。加速度的方向跟作用力的方向相同。

●●没有安全带的汽车

坐在小汽车里的时候如果不系安全带的话，会受到交警的管制还会被罚款，这一点大家都是知道的吧？但是为什么大汽车没有安全带呢？相信大家都思考过这个问题，这是因为大汽车的质量特别大的缘故。

大家可能在电视新闻里看到过汽车相撞的事故现场的画面，当大小不相当的汽车发生正面碰撞的时候，小型汽车会比大型汽车弹出去的距离更远。从科学的角度来分析，当小型汽车和大型汽车相撞的时候，虽然冲击量是相同的，但因为小型汽车比大型汽车的质量要小很多，所以弹出去的距离会更远，这也可以用牛顿的加速度定律来进行说明。

牛顿第二定律，即根据加速度定律我们可以得出 $F=ma$，也就是力等于质量乘以加速度所得的值。

这就意味着即便是得到同等量的冲击，若是物体质量不同的话，速度也会有所变化。因此，当小型汽车和大型汽车相撞时，虽然冲击量是相同的，但我们依然可以得出这样的结论，那就是因为物体质量的不同，物体的速度也会不同，即质量比较重的物体速度就会比较慢，而质量比较轻的物体速度就会比较快，这句话的意思就是说小型汽车要比大型汽车移动得更快，它会弹出更远的距离，或者被撞伤得更加厉害。因此，那种质量非常大的汽车若不是撞到了更大的物体，它是不会被弹出去或者受到很大伤害的，所以我们在小汽车里的时候需要系上安全带，而在大汽车里一般是不需要的。

科学抢先看

关于加速运动的叙述型问题

力量相同的两个小朋友骑在质量相等的自行车上，当他们在拥有同等条件的环境下以相同的速度进行自行车比赛的时候，如果 A 小朋友的质量是 B 小朋友质量的两倍的话，结果会怎么样呢？

用 $F=ma$ 这个公式来计算，答案就很简单了，因为 A、B 两个小朋友的力量相同，且 A 小朋友的质量是 B 小朋友质量的两倍，所以我们可以得出结论，A 小朋友自行车的速度要比 B 小朋友自行车的速度慢两倍。因为加速度和力成正比，和质量成反比。另外，如果两个小朋友质量相同的话，根据他们踩脚踏板的力度的不同加速度也会有所变化。

在一个发生水灾的村庄里，红十字会派来了一架直升机，飞机要空投救生物资。当救生物资从空中下落的时候，假设不存在空气阻力，且重力加速度为 $9.8m/s^2$。

（1）请求出救生物资从直升机上掉下 3 秒后的速度。

根据 $V=V_0+at$

$=0+(9.8\times3)$

$=29.4\ (m/s)$

因此，3 秒后救生物资的下落速度为 29.4m/s。

(2）请将上题中求得的速度转换为时速。

因为 1 小时等于 3600 秒，所以只要将上题求得的值乘以 3600 就可以转换成时速了。即 $29.4 \times 3600 = 105840$（m/h），105840m 等于 105.84km，所以时速就是 105.84km/h。

有个人从 1000 米的高空往下面的湖中玩蹦极，几秒之后他能到达湖面？在这里我们假设蹦极的绳子足够长，而且不存在空气阻力，重力加速度为 $9.8\mathrm{m/s^2}$。

运用下面的公式进行计算：

$$匀加速直线运动的位移\ s = \frac{(加速度\ a \times 移动时间\ t^2)}{2}$$

$$1000\mathrm{m} = \frac{(9.8\mathrm{m/s^2} \times 移动时间\ t^2)}{2}$$

$$9.8\mathrm{m/s^2} \times 移动时间\ t^2 = 2000\mathrm{m}$$

$$移动时间\ t^2 = 2000\mathrm{m} \div 9.8\mathrm{m/s^2}$$

$$移动时间\ t^2 \approx 204$$

$$移动时间\ t \approx 14\mathrm{s}$$

因此，从 1000 米高空中跳下的人约在 14 秒后到达湖面。

▶▶ 受力物体的运动（作用力与反作用力）

作用力与反作用力的原理是什么

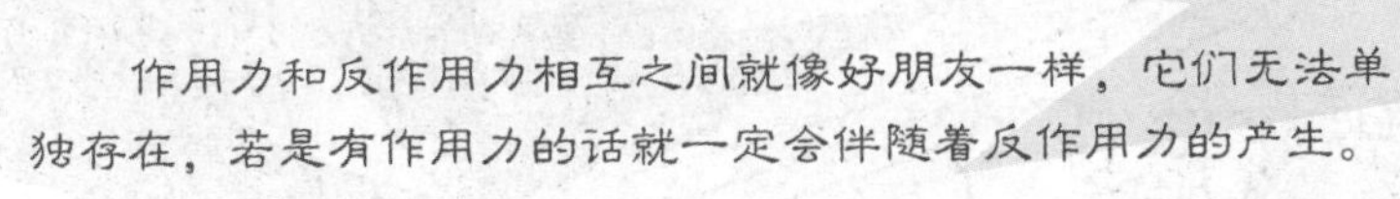

作用力和反作用力相互之间就像好朋友一样，它们无法单独存在，若是有作用力的话就一定会伴随着反作用力的产生。

假设 只有作用力而没有反作用力，那鱿鱼想要逃跑时不管怎么喷射墨汁，它的身体依然会保持在原位不动，被鲨鱼逮着只不过是时间问题而已。

生活中的物理故事 1

鱿鱼是如何逃跑的

在看《动物世界》等自然纪录片的时候，我们经常会感叹地球上生存的这些动物的生活真是多姿多彩。很久之前，当我在电视上看到海里的鱿鱼遇敌如何逃跑的时候，我就曾发出这样的感叹：“真是了不起的鱿鱼啊！生物的进化还真是神奇啊！”

在受到其他动物威胁的时候，鱿鱼就会喷出墨汁，利用墨汁遮掩住敌人视线的那个瞬间快速逃离。但是它逃跑的方式却很特别，因为它并不像其他动物那样利用鱼鳍游动，而是好像火箭一样飞速逃离。

鱿鱼逃跑的秘诀是这样的：首先它会将墨囊和外套膜腔充满

水，然后像漏斗那样用强大的力量通过一个小孔将水喷射出来，这样由于反作用力的原因它就会被飞弹出去，其瞬时速度要比一般的鱼快很多，而且因为它的喷水方向可以调整成多个方向，所以它也能够自由地转换方向。

运动方式与之类似的动物还有海蜇，海蜇会收缩自己的肌肉将自己缩成铃铛的模样，此时它们会通过喷射出水从而让自己的身体移动。因为在生物进化的过程中海蜇要先于鱿鱼，所以可以说海蜇算得上是鱿鱼的师傅了。

不管是鱿鱼还是海蜇，它们的运动都完美地诠释了“牛顿的第三运动定律”，即作用力与反作用力的定律。在海水中喷射水来施加力，那股反作用力会让自己往反方向弹出去，当然鱿鱼和海蜇并没有在学校里学过这个原理，只是历经岁月的洗练，它们用身体掌握了这种运动的科学原理。

生活中的物理故事 2

作用力与反作用力的例子有哪些

在冰面上骑自行车

自行车之所以能够往前移动，这是因为自行车车轮在向前旋转的同时将地面往后推的关系。如果说自行车车轮将地面往后推的力是作用力，那么地面作用在自行车车轮上的力就是反作用力。车轮推动地面的作用力有多大，相对的地面反作用在车轮上的力就有多大，因为存在着这种力的关系，自行车才会向前移动。

但是在几乎不存在摩擦力的冰面上，这种事情就很难发生了。即使施加了作用力，反作用力也不容易产生，因此我们几乎不能在冰面上骑自行车。在经过一夜大雪形成的冰面上，小汽车无法顺利地前行或根本无法前行也是因为这个原因。

玩直排轮滑

当和朋友们一起玩直排轮滑的时候，如果站直身体去推朋友，会怎么样呢？朋友往后移动多少，自己也会相应地移动多少，当然，由于朋友和自己的体重不同，推出去的距离也会有所差异，体重轻的朋友当然会比体重重的朋友移动得更远。

罚球投篮

请回想一下篮球场上罚球投篮的情景，当我们把篮球朝着篮筐投去的时候，我们的身体也会感受到一股向后推的力量吧，此时如果将我推篮球的动作称之为“作用力”，那么我们就可以将篮球往后推我的力称之为“反作用力”。之所以篮球飞出去的距离要比我们移动的远得多，是因为篮球要比我们轻得多。

发射宇宙飞船

宇宙飞船飞离地球的时候，在爆发出巨大声音的同时也会喷射出大量的气体，此时若是将宇宙飞船的喷气看作是“作用力”，那么它的“反作用力”就使得宇宙飞船能迅速地飞上天空，这也适用于作用力与反作用力的定律。

开心课堂

无法单独存在的力

●●作用力和反作用力的定律

作用力和反作用力告诉了我们当力作用在物体上的时候到底发生了什么样的事情，可以说这是对作用力的意义以及力的本质的说明。

作用力和反作用力的原理指的是如果某个物体对其他物体施力的话（这被称为“作用力”，下图中对应的就是 F_{AB}），它自身也会从受力物体那里得到大小相同但方向相反的力（这被称为“反作用力”，下图中对应的是 $-F_{BA}$）。

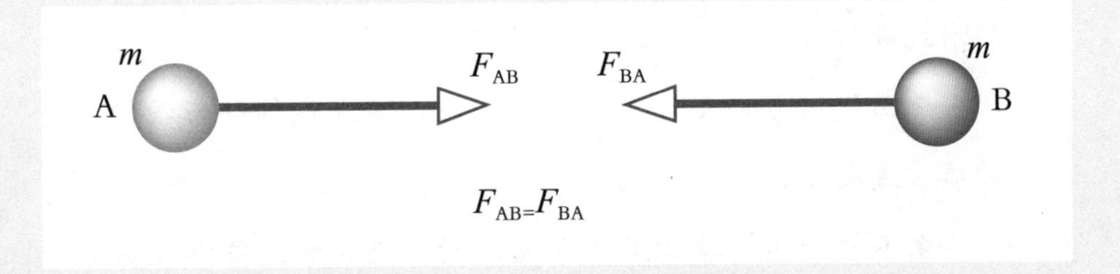

举例来说，如下页图中所示，人在推墙的时候，我们就可以说人推墙的力是“作用力”，而墙推人的力就是“反作用力”。

这表明两个物体之间，如果一个物体对另外一个物体施力，那么这个物体也会从受力物体那里受到大小相同但方向相反的力，这就是作用力和反作用力的关系，牛顿把它概括为“两个物体之间的作用力和反作用力总是大小相等，方向相反，作用在同一条直线

上”，这就是牛顿第三定律。定律说明了如下几条原则：

◆力是无法独立存在的，总是会以作用力和反作用力的形式成对出现。

◆因作用力和反作用力而产生的加速度或位移与物体的质量成反比。

◆不管物体是处于静止还是运动状态，该定律都是成立的；不管这两个物体是紧贴在一起还是处于分离的状态，该定律都是成立的。

举例来说，接触状态下作用力和反作用力的例子有：书桌上摆放着球，或者冰面上迎面而站的两个相互推搡的人；而分离状态下作用力和反作用力的例子有：宇宙空间下的地球和苹果，或

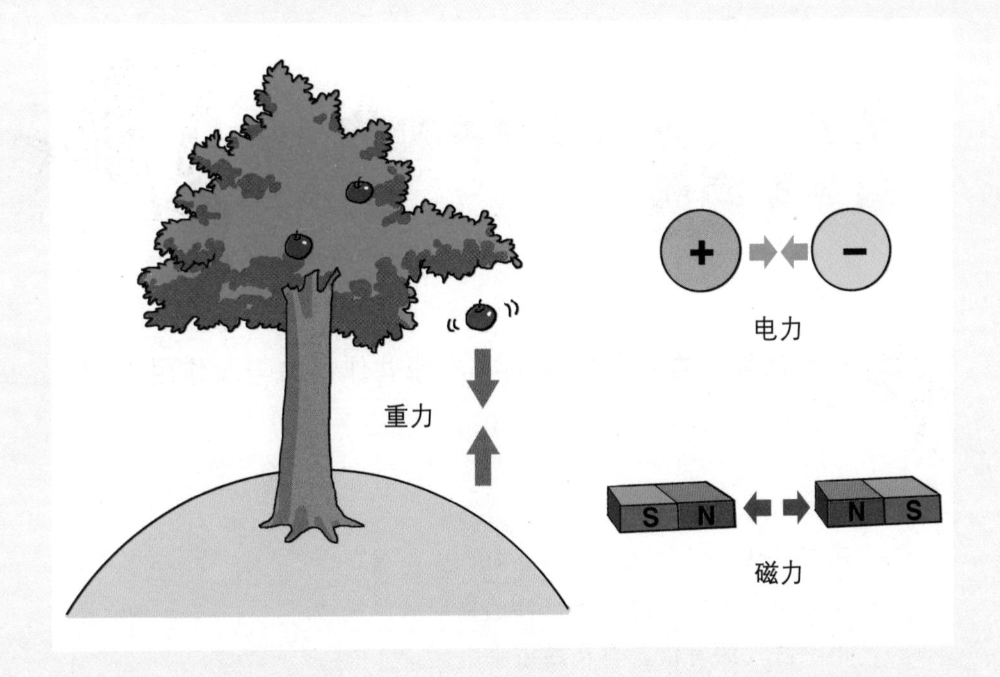

者人造卫星和月球之间相互牵引的关系，另外，磁力和电力也属于这种情况。

科学抢先看

关于作用力和反作用力的叙述型问题

据你所知，在我们的周围存在哪些作用力与反作用力的例子，请写出来。

划动船桨，船就会前行。

蹦床运动员用力跳动后，会向上弹起很高。

在冰面上推别人的时候，自己也会往后移动。

用手打人的时候，自己的手也会疼。

同极的两块磁铁或者不同极的两块磁铁放在一起的时候，就会出现相互排斥或者相互吸引的现象。

下图是围绕着地球而转的人造卫星，请说出地球和人造卫星之间的作用力和反作用力，并阐释说明二者之间不会发生碰撞的原因。

如果说地球牵引着人造卫星的力为作用力，那么人造卫星对地球的牵引力就可以称之为反作用力。人造卫星之所以不会掉落到地球上，是因为地球对它的牵引力正好满足它以一定的速度和轨道绕地球运行，相反地球不会掉向人造卫星的原因，则是因为地球比人造卫星的质量要大得多。

第五章

功和能量

★功的原理　　功有哪些原理

★能量　　如果势能变化动能会如何变化

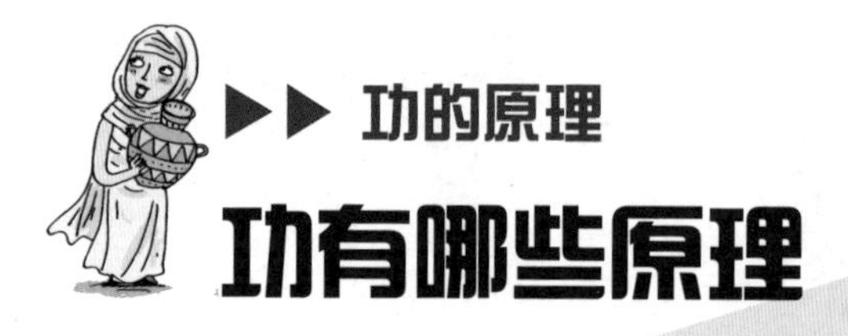

▶▶ 功的原理

功有哪些原理

大家在学习物理的时候都学过滑轮吧？相信有的人还曾见过人们利用滑轮用木桶将井底的水提上来。环视我们生活的周围就会发现有很多的机械都用到了滑轮。

假设 不存在滑轮或是杠杆的话，埃及的金字塔还会留下如此雄伟的面貌吗？

生活中的物理故事 1

自动扶梯是怎么运行的

百货公司或是大型建筑物里一般都会安装有自动扶梯，自动扶梯是一种在持续运行过程中能够向上或向下输送乘客或货物的电力驱动设备。如果我们仔细观察就会发现一个现象，百货公司的自动扶梯总会安装在建筑物的中央地带，这中间其实还隐藏着商业上的战略，那就是百货公司希望那些来的顾客能够多多使用自动扶梯，鼓励他们多上或多下几层，多看多买，刺激他们的购买欲望。

因此位于自动扶梯右侧位置的卖场可谓是黄金卖场，受到了“主席台”一般的待遇，因为在乘坐自动扶梯上行的顾客之中，约有70% 的人在日常生活中都是习惯靠右站立的，他们一般会选择往前或是往右走。正是出于这样的原因，加入百货公司的业主们都会为了争夺自动扶梯右侧的位子而僵持不下。

百货公司里的自动扶梯全天无休，它会一直承载人们进入上下的楼层，但是不管承载的人数是多是少，自动扶梯总是会保持约 30 m/min 的速度运行，一小时内大概能够承载 6000 人左右。那么，自动扶梯运行的原理是什么呢？后面我们会进行更为详细的说明，在这里先告诉大家这个原理的关键就是“滑轮”。

生活中的物理故事 2

最早的自动门是靠什么打开的

据说在 2000 年前有一位叫海伦的古希腊科学家，他利用煮开水所产生的水蒸气的力量创造了人类历史上最早的可以让机械活动的蒸汽机。

有记录显示，海伦利用蒸汽机制造了自动门，并且还将其用于现实生活之中。现如今人们利用电力来控制自动门的开关，那么在很久以前自动门又是靠什么原理活动的呢？

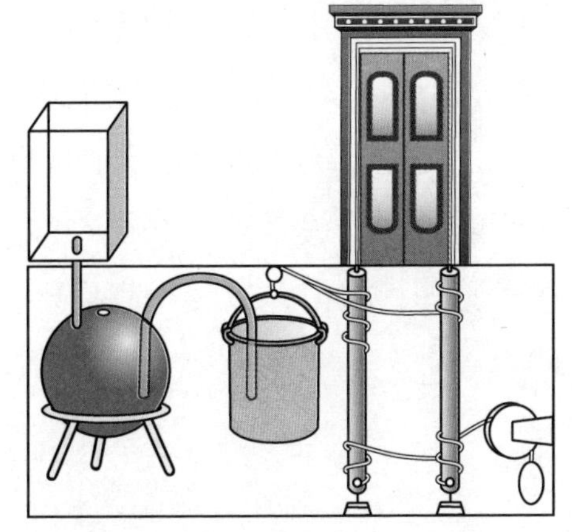

最早的利用了蒸汽机的自动门

当时的自动门主要用于神殿之中，当祭司口中默念咒语，点燃神殿门前的火把时，隐藏在墙壁后的火炉就会被点燃，此时水蒸气膨胀开来，使得旁边水槽里的水漫出来，这样的话水就会装满铅桶，铅桶在下垂的同时就会让滑轮活动起来，因为滑轮上连

着可以开关大门的绳子，所以大门自然就被打开了。

相反，当火熄灭的时候，水蒸气就会渐渐消失，铅桶里的水就会减少，变轻了的铅桶在上升的同时就会将门关上。当时一般人都相信门能自动开关是因为祭司的神力，祭司们利用不为一般人所知的科学原理，将自己伪装得好像拥有神奇的力量一般，以此来欺骗人们。

开心课堂

掌握原理之后 更加轻松的工作

●●阿基米德的杠杆和滑轮

距今约2300年前，古希腊著名的科学家阿基米德曾经对叙拉古国王说，给我一个地球之外的支点和一根足够长的杠杆，我就可以撬动地球。叙拉古国王认为阿基米德在说大话，于是让他将停在海边沙滩上的军舰停泊到海里去。阿基米德用自制的滑轮独自一人就将船浮在了海面上，由此证明了自己的话绝非虚言。

利用自己创造的投石机和起重机对战罗马军队，夸下海口说可以撬动地球的阿基米德究竟是怎么做到这些事情的呢？这是因为他是一位伟大的科学家，他比任何人都要清楚地懂得功的原理。

●●科学上所讲的功的概念

我们在日常生活中有非常多的机会使用到"功"这个词，比如功劳、成功等，当然我们在学校读书也可说成是做功课。

但是科学中所提到的功的概念却是不同的，在科学解释中只有当物体受力且物体会朝着力的方向移动了一段距离的时候才算是力做了功。

因此在上课时开小差被老师逮了个正着，从而被要求举着椅子

罚站时，虽然费了力，也流了汗，可能大家会觉得是做了功，但是从科学的角度来看就算是举上一整天的椅子也不算是做功，因为虽然很费力但椅子却没有发生位移。科学上所说的做功是必须严格符合这些条件的。

在科学上，认为当位移相同时，作用力越大所做的功越多；或者当作用力相同时，位移越大做的功也越多。即如下面的曲线图所示，功和作用力的大小以及位移是成正比的。

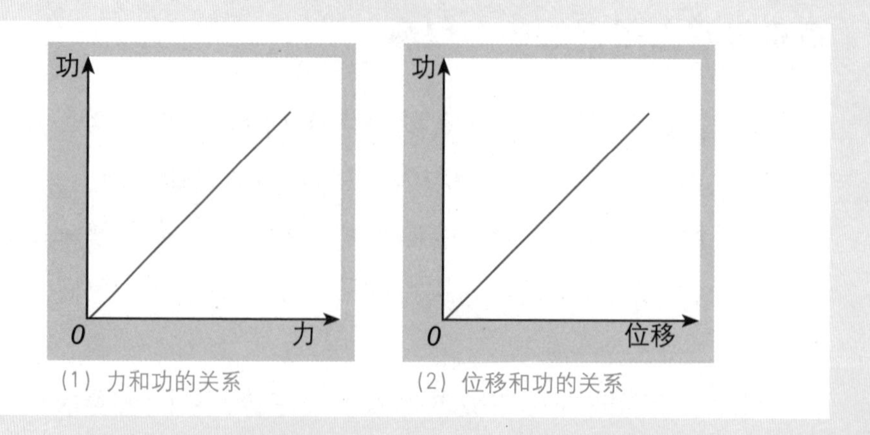

（1）力和功的关系 （2）位移和功的关系

另外，我们还可以用如下的公式来进行表示：

功 = 力 × 物体在力的方向上移动的距离

功的单位和能量的单位相同，都使用J（焦耳），1J指的就是用1N的力使物体发生1m位移时做的功。

●●科学中所提到的功的原理

在科学中“功的原理”指的是利用工具来改变作用力的方向，或是以很小的力气达到大力的效果，也就是说阿基米德利用滑轮靠自己的力量让船活动的事情也是利用了功的原理。利用了功的原理的代表性工具有滑轮、斜面、杠杆等，如何使用工具才能让人们用很小的力实现大力的效果呢?

让自动扶梯和自动门运行的滑轮原理

请看右图，自动扶梯的梯级与牵引链相连，这个链条会跟随着导轨循环运动，为了让梯级能够按照正确的角度来运行，导轨两边还安装有滑轮。因为自动扶梯上部顶端的轨道是水平移动的，所以当梯级到达上部顶端的时候也会随着导轨进行水平活动。

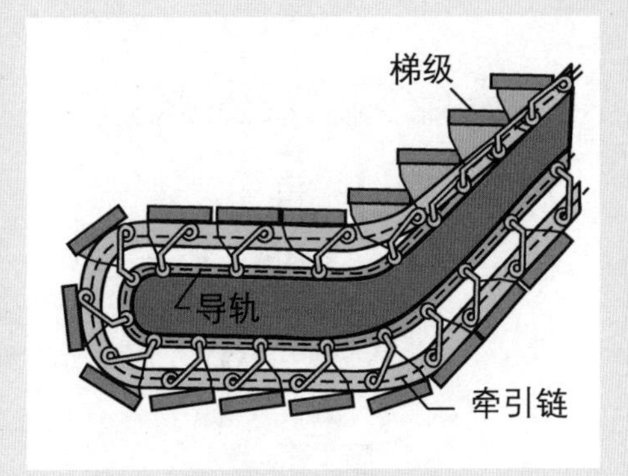

在两边顶端的齿轮处，梯级会翻转过来。

那么，下面的梯级会继续跟着导轨往自动扶梯的后侧运行，此时因为下行梯级和上行梯级的重量是相等的，所以达到了平衡的作用。

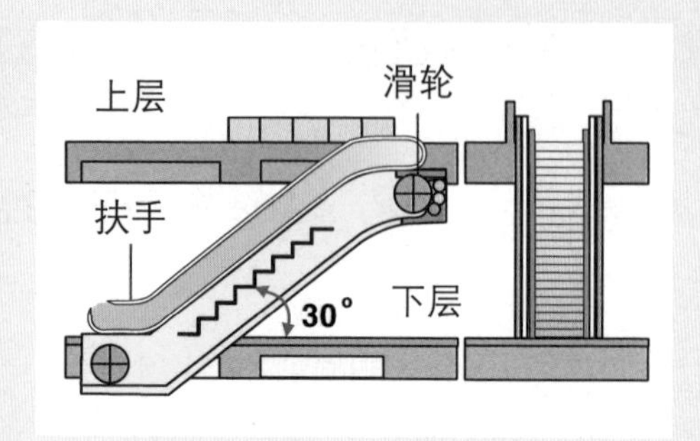

牵引链因为机械室里的马达而运转

自动扶梯的运转也是利用了滑轮的原理。

再也不会有工具像滑轮这样如此频繁地应用于日常生活中了。滑轮可以分为定滑轮和动滑轮两类，中心轴固定不变的叫定滑轮，中心轴跟随物体一起移动的叫动滑轮。定滑轮是自动门和自动扶梯中必不可少的装置，没有仔细观察过定滑轮的人可能会觉得有点陌生，但其实它的原理是非常简单的。

请看下图，这就是定滑轮。

图中，左图是利用定滑轮将重物拉上来的图片，使用定滑轮这种装置的时候，虽然用力方向是向下的，但是却能让重物或吊桶向着相反的方向运动，此时力的大小完全没有发生改变，只不过改变

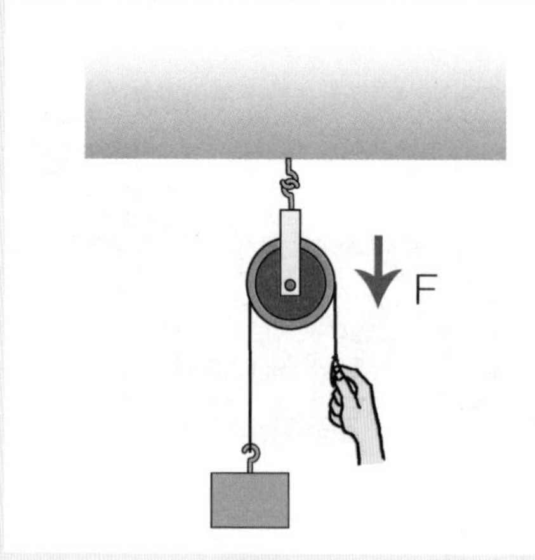

定滑轮

了力的方向，这就是定滑轮的作用，简单说就是不省力，但能改变力的方向。右边的图片是一幅关于水井的画，这幅画中也出现了定滑轮。

在自动扶梯里定滑轮也起到了相同的作用，定滑轮在自动扶梯里使得电动马达的力和梯级上人们往下踩的力的方向发生了改变，让自动扶梯能够一直持续往上运转个不停。

相反，动滑轮的作用就有些不同了，请看下图。在左图中固定在墙壁上的那个是定滑轮，而下方悬在空中的就是动滑轮了。右图则是丁若镛（朝鲜时期的著名学者）利用多个动滑轮所制成的叫举重机的装置。

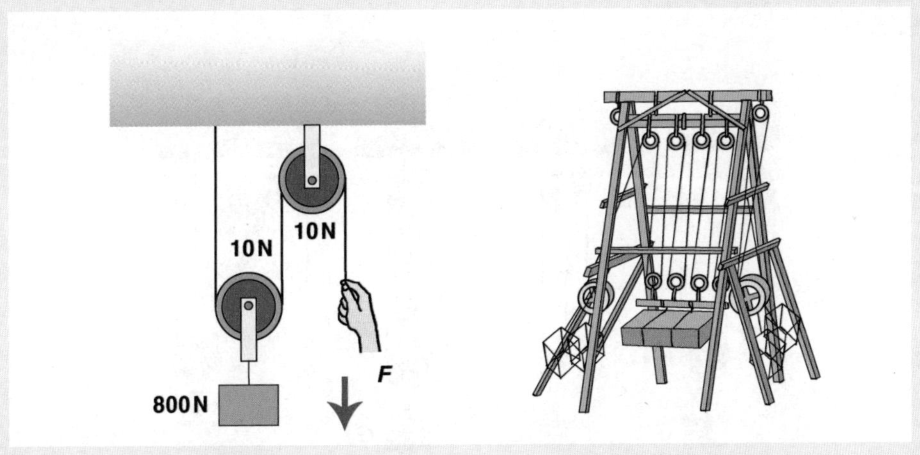

动滑轮

动滑轮有将重力的大小缩减一半的作用，使用的动滑轮越多用的力也就越小，只不过连接用的绳子的长度需要加长。

也就是说动滑轮使用的滑轮数越多，就越能让我们省力，使我们能够用很小的力就能搬动很重的物体，因此很是方便。

阿基米德或是丁若镛所用的滑轮都是如下页图所示的动滑轮。

动滑轮为省力滑轮，因为力 $F=G/n$（n 代表接在动滑轮上的绳子的段数），所以个数越多所用的力就会越小。动滑轮虽然省力，但不能改变力的方向。

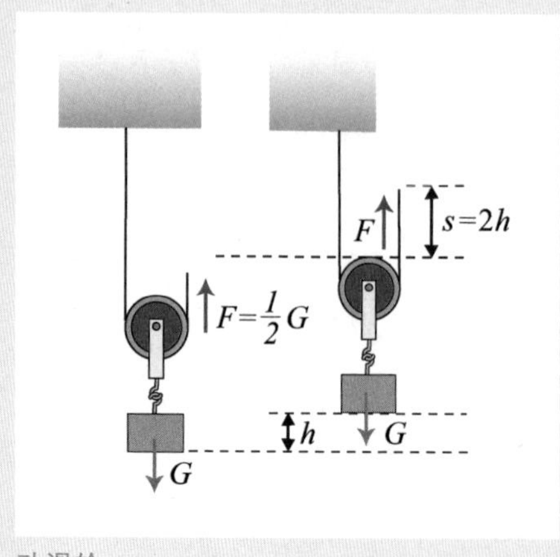

动滑轮

人们之所以会使用动滑轮就是为了用很小的力气来搬动很沉重的物体，虽然现如今不管多重的物体，我们都可以用力气强大的机械来搬动，但是在古代主要使用的是人或牛的力，所以当要搬动重物的时候就需要动滑轮，可以说这是集结人类的智慧创造出的代表性的省力装置。

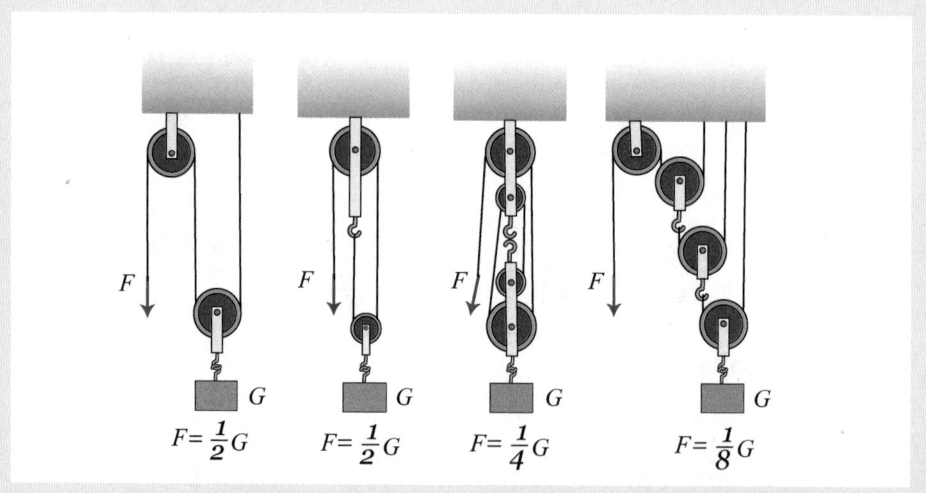

复杂的滑轮组

让我们轻松爬山的斜面原理

想要将物体抬高到一定的高度就需要做一定量的功，此时虽然无法减少功的量，却有方法能够轻松进行。当我们抬石头的时候就可以利用斜坡运输石头，此时会比垂直向上抬更省力，同样也能抬高到既定的高度，这就是利用了斜面的功的原理。

举例来说，相信大家都曾见到过这种情景，当人们往大卡车上装重货的时候，大都会在后面倾斜地放上长长的木板，此时木板的长度越长就越省力。

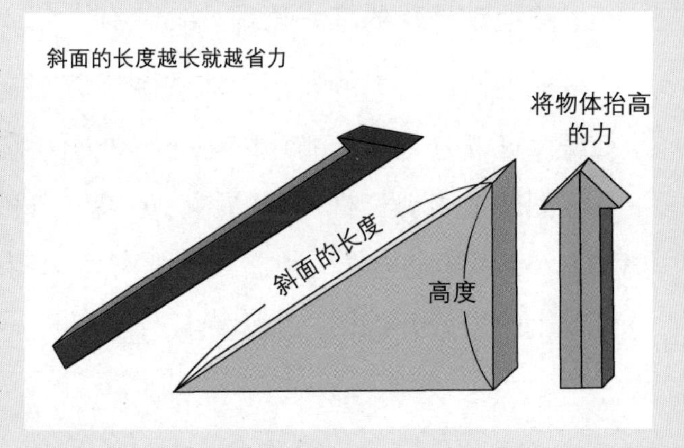

如右图所示，当斜面和地平面形成的角度越小，将物体抬高时所要用的力就越小，就是说高度越低，斜面越长，所需的力也就越小。

让我们来代入数字比较一下看看吧。我们假设物体重量为100 N，斜面的长度为10 m，高度为10 m。比起这一情况，当斜面的长度为100 m，高度为10 m时我们所花的力气会减少到原来的1/10左右，不过因为斜面的长度加长了10倍，所以拖动物体所要行走的距离也是原来的10倍。像这种斜面同样适用功的原理，也就是说虽然力量减小了，不过位移却有所增加，所以总的做功量并没有发生变化。因此，总的来说斜面就是通过改变力和距离的关系，让人们能够用很小的力将重物抬高的简单机械。

在以陡峭闻名的韩国江原道的旅程中，人们大都会有这样的体会：如果道路是直直上去的话，虽然距离很短、所花时间也不长，但汽车却是很费力，这样会让引擎很吃力，从而给汽车带来损耗，搞不好车里的人也会有危险。因此虽然路途长了一点，但是人们还是将道路设计成了用力比较小但更为安全的盘旋上升的样子。

人们从很早以前就开始使用斜面的原理，据说埃及人在建造金字塔的时候就是利用斜坡将石头推上高处的；另外当我们爬山的时候，山路之所以会被设计成羊肠小道也是利用了斜面的原理；而自动扶梯以斜面的状态运行也是出于斜面的原理。

能够撬动地球的杠杆原理

一根硬棒，在力的作用下能够围绕着固定点转动，这根硬棒就是杠杆。杠杆分为几个部分：支点、动力作用点、阻力作用点。

下图就是表现杠杆原理的图，如果支点和阻力作用点之间的距离为 b，支点和动力作用点之间的距离为 a，物体的重量为 G，施加在杠杆上的力为 F 的话，那么当杠杆平衡时下面的公式就是成立的：

$$F \times a = G \times b$$

要想在动力作用点上施加很小的力，让阻力作用点上产生更大的力，就需要将支点尽可能地靠近阻力作用点。换句话说，如果从支点开始到施加力的动力作用点的距离 a 比到物体放置的阻力作用点的距离 b 要长的话，就能用很小的力抬起重物了。

如果这段距离是从支点开始到阻力作用点距离的 3 倍（$a=3b$）

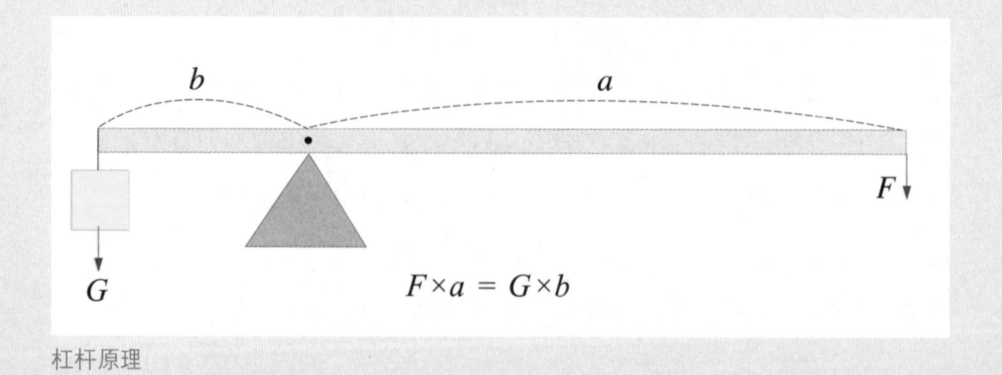

杠杆原理

的话，那么抬起物体时所需要的力就只要物体重量的 1/3。

当距离扩展到 4 倍、5 倍、6 倍的时候，力就会和其形成反比，缩减到 1/4、1/5、1/6。

平常生活中利用到杠杆原理的工具如下图所示：

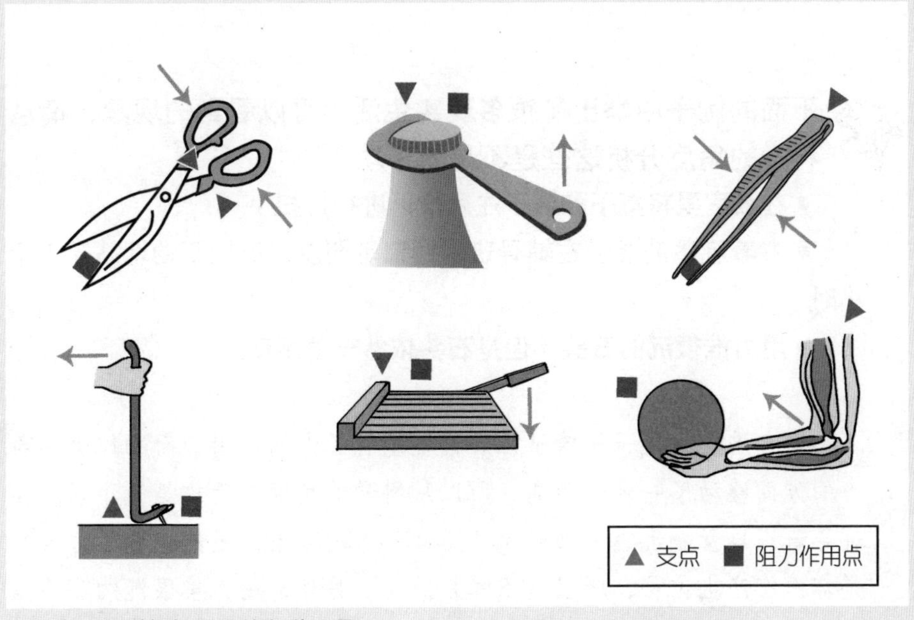

生活中运用到杠杆原理的各种工具

科学抢先看

关于功的原理的叙述型问题

下面的例子中举出了很多现实生活中可以看到的现象，请从科学的角度分析这些是不是做了功。

- **在教室里将桌子和椅子往后推再进行打扫；**
- **背着沉重的书包在辅导班的门口等朋友，原地不动地站了1个小时；**
- **用力推很沉的石头，但是石头依然一动不动。**

将有质量的桌子和椅子往后推就是有了力的作用，而物体也朝着力的方向移动了一定的距离，所以从科学的角度来看这是做了功。在辅导班门口背着沉重的书包原地不动等人的事情，虽然也费了力气但是却没有产生位移，所以这不算是做功。另外，用力推很沉的石头虽然也费了力气，可也没有产生位移，所以这也不算是做功。

利用游乐园的跷跷板就能计算出朋友的体重，请简单说明这一原理。

游乐园的跷跷板是利用了杠杆原理的游乐设施。想要知道朋友的体重，而朋友又怎么都不肯说的话，可以利用跷跷板用科学的方法计算出对方的体重，当然前提是你必须知道自己确切的体重。

首先将朋友带到游乐园，让他坐在跷跷板上，然后要准确地记得当朋友坐在什么位置的时候能和自己形成平衡，等到将朋友送回家后，再次折返到跷跷板处进行准确的测量，从跷跷板的支点到自己坐的地方的距离，以及到朋友坐的地方的距离，接着利用下面的公式就能计算出朋友的体重了。

自己的体重×跷跷板支点到自己坐的中心点的距离
=朋友的体重×跷跷板支点到朋友坐的中心点的距离

如果自己的体重为500 N，距离支点为1 m，朋友距离为1.25 m的话，那么朋友的体重就是400 N。

距今约2300年前，阿基米德曾经说过，如果给他一个支点和一根足够长的杠杆，他就可以撬动地球。请分析这件事情真的可能吗？

首先做出那根可以撬动地球所需要的足够长的棍子本身就是不可能的，所以阿基米德的豪言壮志只是在理论上可行而已。就算是按照阿基米德所说，为他提供了所需的工具，真正去实践此事时还会有其他的困难存在。

那就是时间的问题。按照杠杆平衡原理，假设支点到阻力作用点之间的距离为 b，支点到动力作用点之间的距离为 a，物体的重量为 G，施加在杠杆上的力为 F 的话，下面的公式就是成立的：

$$F \times a = G \times b$$

当利用这个公式来解决问题的时候，假设问题中地球和人之间相互作用的重力大小相等。因为重量又是和质量成正比的，因此下面的公式就应该是成立的。（为了计算方便，我们假设支点到地球的距离为1 cm，人的质量为60 kg，另外地球的质量为 6×10^{24} kg。）

$$(\text{人的质量})\times(\text{人和支点之间的距离})$$
$$=(\text{地球的质量})\times(\text{地球和支点之间的距离})$$
$$60\times a=(6\times10^{24})\times1$$
$$a=1\times10^{23}\,\text{cm}$$

因此，支点到人之间的距离需要是支点到地球之间距离的 1×10^{23} 倍，也就是说，为了做成此事，需要一根极长的棍子，而且只有将此棍往下压 1×10^{23} cm，地球才会被撬动 1 cm。人为了下压 1×10^{23} cm 的距离，需要移动如此长的距离，这中间所要消耗的时间是漫长的。就算我们 1 秒下压 1 m 的话，我们也足足需要 30 兆年的时间才能下压这么长的距离。光的速度是 3×10^{8} m/s，就算是用光速去下压也需要一千万年的时间。

所以从结论上来看，即便是将阿基米德所需要的装备全都备齐，也只有在自己能以光速移动的情况下，而且自己能够活到千万年以上的情况下，这件事情才能成立。但是问题在于又有谁能够看着阿基米德如此快速的移动，又能活上这么多年呢？

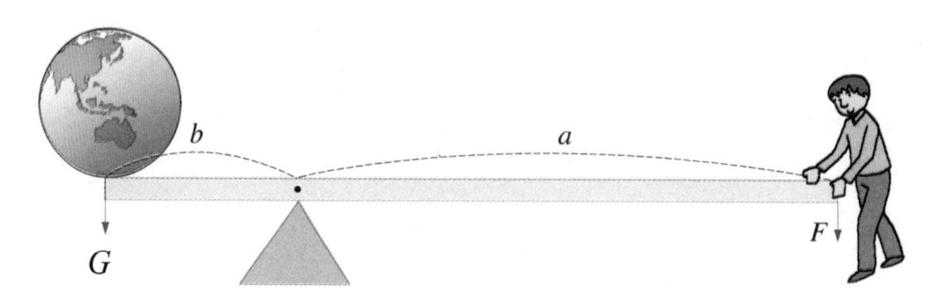

$$F\times a=G\times b$$

▶▶ 能　量

如果势能变化动能会如何变化

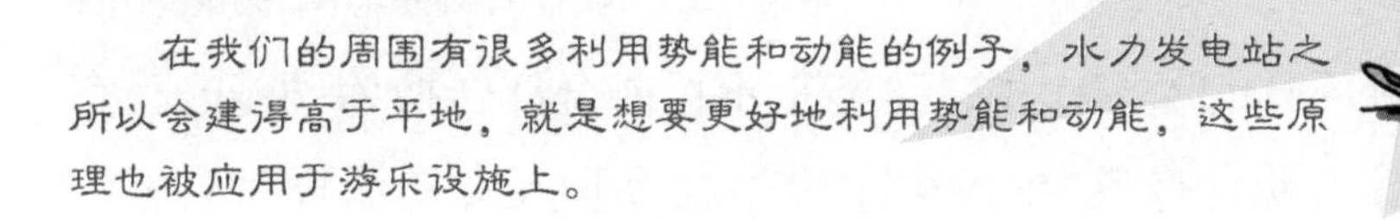

在我们的周围有很多利用势能和动能的例子，水力发电站之所以会建得高于平地，就是想要更好地利用势能和动能，这些原理也被应用于游乐设施上。

假设 地球上没有重力，那这些就全都是天方夜谭，这是为什么呢？

生活中的物理故事 1

滑梯中也隐含了科学原理吗

去小型游乐园你会发现很多不同种类的游乐设施，滑梯、跷跷板、秋千等，不同种类的游乐设施会给人带来不同的乐趣，因而博得了孩子们的喜爱。

滑梯这种游乐设施是让人们走上台阶，然后从有一定斜度的梯子上滑下来。坐滑梯时，开始出发时的位置越高，滑下来的速度就会越快；另外，即便是从相同的位置出发，体重越重的人滑下来的速度也会越快，这是因为势能和重力有关，因为重力的关系才产生了势能，与地面的距离离得越远，重力越大，就会产生越大的势能。

另一方面，物体在移动的过程中势能也会转换为动能，刚开始

坐在高处时的势能会在一边往下滑的同时一边转换为动能，当到达最低点的时候，就会完全转换为动能。

当然，在滑滑梯的时候，因为滑梯面和身体之间接触部分的摩擦作用，势能是不可能全部转换为动能的，有多大的摩擦力就会有多少的能量损失，之所以反复滑滑梯时会感到屁股发热，就是因为摩擦而产生了热。

秋千如同钟摆一样会进行摆动，在摆动的过程中势能和动能就发生了相互转换。当秋千荡到最高处的时候，势能处于最大的状态，而动能则处于最小的状态；相反当秋千向下荡的同时，势能就会渐渐地转换为动能，当抵达最低点的时候，势能就会变成最小，而动能就会变成最大，因此当秋千经过最低点的时候速度也是最快的。

水力发电站会汇聚很多高处溪谷的水源，等到汇聚一定量后再开闸让水下落，此时就能通过水的势能转化为动能，再带动涡轮机旋转从而产生电能。

在生活中也有很多这种能量转化的现象，如在跳水的过程中，跳水运动员站在高高的跳台上，此时势能最大。运动员跳下后，随着速度增加，高度减小，势能就会转化为动能。

因此可以说，在我们生活的周围有很多这种能量转换的现象，以及利用了势能和动能关系的工具或工程。

利用了势能和动能的水力发电站

开心课堂

位置和运动都是有能量的？

●●潜在的能量——势能

由物体所处位置或状态而具有的能就是势能，可以下落的物体都具有势能，用英语表示为Potential Energy，意思就是“隐藏着的能量”，或者“潜在的能量”。之所以说势能是隐藏的，是因为不管物体所在的位置有多高，只要它不往下掉就不会显示出它的能量。虽然势能产生的主要是因为有重力的存在，但是它也会因弹力或电力等而产生。

重力势能

物体由于被举高而具有的能量，叫做重力势能，如左图所示的例子，以地面为基准位于高处物体就具有重力势能，此时的势能是因重力而产生的，当物体往下掉落的时候就具备了做功的能力。

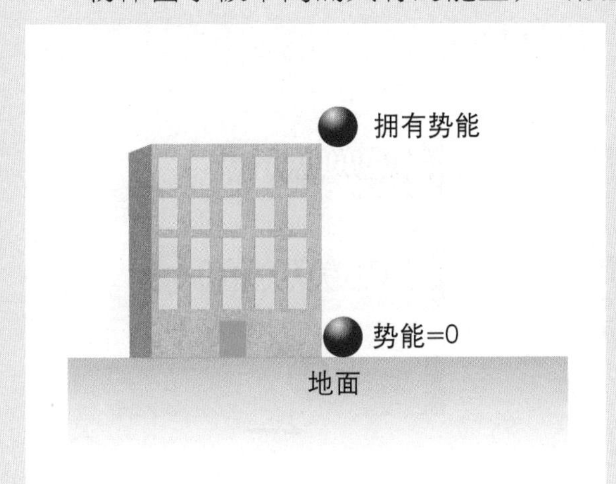

例如存在大坝里的水往下落的时候能够发

电，或者沉重的夯落下的时会将混凝土地面敲实，这些都是重力势能的例子。

我们可以通过下面的公式来计算重力势能：

$$E_p = m \cdot g \cdot h = 9.8\ \mathrm{m/s^2} \cdot m \cdot h$$

在这里 *Ep* 指的是重力势能，***m*** 是物体的质量，***g*** 是常量，也就是 9.8N，***h*** 则是指物体高度的变化。我们可以看出，当物体距离地表越高，并且物体的质量越大时，重力势能就会越大，这可以简单地用如下的曲线图来进行表示。

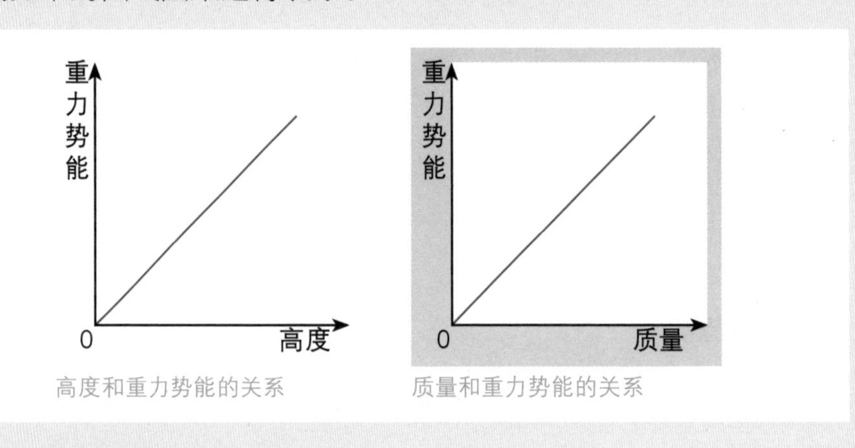

高度和重力势能的关系　　质量和重力势能的关系

弹性势能

橡皮筋或弹簧之类的弹性物体都具有弹性，当外界施力的时候它们会改变状态，而当力量消失的时候这些物体又会恢复原状，这种物体由于发生弹性形变而具

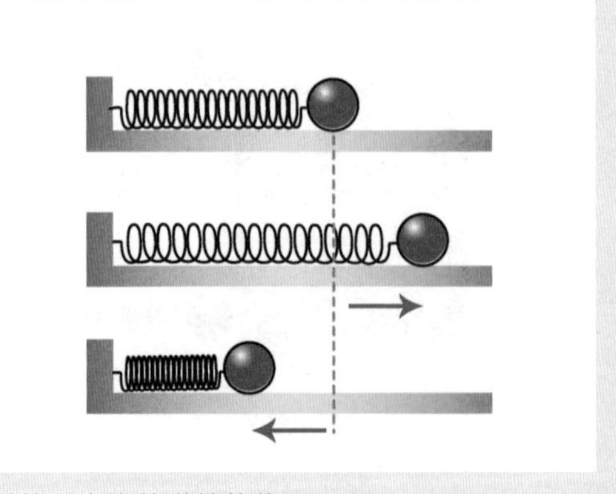
弹簧所产生的弹性势能

有的能量叫做弹性势能。

弹性势能的大小可以通过下面的公式进行计算：

$$E_p=\frac{1}{2}k\cdot x^2$$

此处 E_p 指的是弹性势能，k 为弹簧的劲度系数，x 为弹簧被拉伸或压缩的程度。

●●运动的物体所具备的动能

当运动着的小车撞上了静止的木块时，小车会继续向前移动，到小车停止移动为止，小车对木块施加的力，让木块移动做功。像

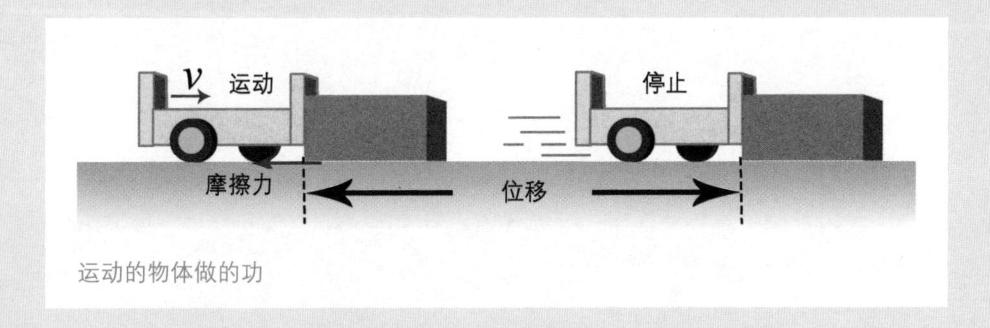

运动的物体做的功

这种物体由于运动而具有的能量就是动能。

物体在运动时所具备的动能可以通过下面的公式来计算求得：

$$E_k=\frac{1}{2}m\cdot v^2$$

此处 E_k 就是动能，m 表示物体的质量，v 表示物体的运动速度，

因此动能和物体的质量成正比，和其运动速度的平方成正比，由此我们可以看出动能受到速度的影响要远远大于其质量的影响，我们可以用简单的曲线图来进行表示。

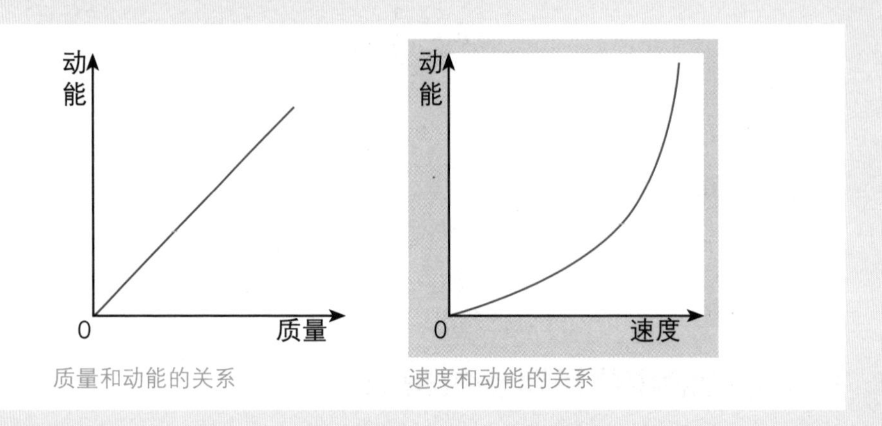

质量和动能的关系　　速度和动能的关系

科学抢先看

关于势能和动能的叙述型问题

智允的质量为50kg，她用20s跑完了100m，当智允跑100m的时候她的动能是多少？

想要计算动能，需要知道物体的质量和其运动速度，问题中已经给出了质量是50kg，而从“用20s跑完了100m”的叙述中我们可以通过“速度＝位移÷时间”计算得出结果，即速度是100÷20=5(m/s)，将此代入计算动能的公式$E_k=\frac{1}{2}m\cdot v^2$，动能=625（J）。

因此智允的动能就是625，而能量的单位是J这个符号，读作“焦耳”。能量的单位是为了纪念焦耳（Joule）这位科学家，因此用了他名字的首字母。

当空军部队的士兵训练高空降落的时候，士兵们乘坐的飞机距离地面的高度是10000m，士兵的质量为60kg，包括枪在内的降落伞装备的质量为40kg，这些士兵从飞机上跳下，在2000m高空处打开降落伞，请依此回答下面的问题。

（1）当他们刚要从飞机上跳落时，他们的势能是多少？（重力加速度为9.8m/s²）

士兵的势能通过$E_p=9.8\text{m/s}^2\cdot m\cdot h$这个公式来计算，代入士兵和装备的质量以及其高度就行了。

E_p=9.8×(60+40)×10000=9800000(J)

(2)在距离地面2000m的高空，当他们打开降落伞之前，士兵的下降速度是多少？忽略空气的阻力。

要计算下降速度的话需要知道动能。动能相当于减少的势能，也就是用10000 m时的势能减去2000 m时的势能。

在上一题中我们已经计算出10000 m时的势能值为9800000 J，接下来只要从中减去2000 m处的势能值就可以了。通过计算我们可以得出2000 m处的势能为1960000 J。

即2000 m时的动能=10000 m时的势能−2000 m时的势能=9800000 J−1960000 J=7840000 J，这里得出的7840000 J就是士兵在2000 m高空的动能。

$$\text{动能}=7840000\ \text{J}=\frac{1}{2}m\cdot v^2$$

$$\frac{1}{2}\times 100\times v^2=7840000$$

$$v^2=156800$$

$$v=\sqrt{156800}$$

$$\approx 396\ (\text{m/s})$$

因此在2000m处空军部队士兵的速度约为396m/s，接近于音速，不过因为忽略空气阻力不计，所以实际的速度会比这个慢一些。

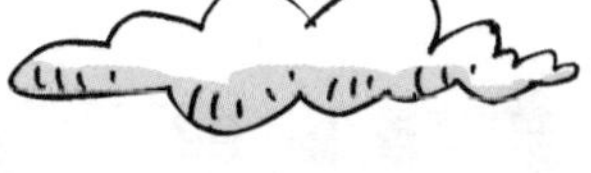

第六章 电

★电能　　电能产生的原理是什么

★电生磁　电流的周围也存在磁场吗

★磁生电（电磁感应现象）　磁可以产生电吗

▶▶电　　能

电能产生的原理是什么

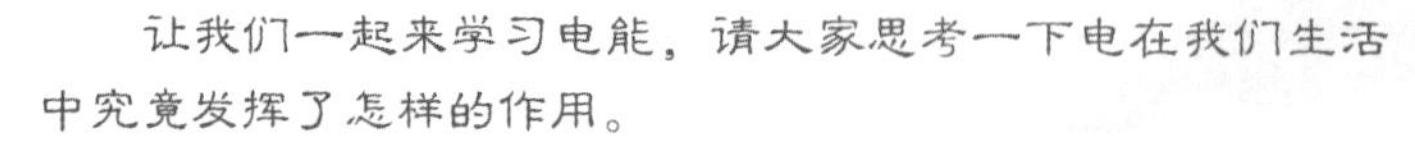

让我们一起来学习电能，请大家思考一下电在我们生活中究竟发挥了怎样的作用。

假设 人称“发明大王”的爱迪生是个没有韧性、异常懒惰的人，他还会发明出白炽灯吗？在晚上依然能将房间照耀得非常明亮的白炽灯是利用了什么原理呢？

生活中的物理故事 1

为什么白炽灯的灯丝用久了会断

白炽灯如果用的时间久了，灯泡内侧就会出现黑色的灰尘，整个灯泡看起来都是灰蒙蒙的，到最后灯丝还会断掉，导致无法继续使用。

其实，这和白炽灯的发光原理有着密切的关联，白炽灯发光靠的就是灯丝。首先在真空状态的玻璃灯泡内放入钨丝制成的灯丝，连接上电源之后灯丝就会被烧得滚热而发光，此时灯丝发出的光就会照亮周围的一切。当连接上电源的时候给灯丝加热的就是电流。

像灯丝这样能让电流通过的物体称之为导体，导体还有着阻碍电流流动的能力，这就叫做电阻，就好像溪水之中会有一些阻碍水

流流动的岩石或沙子一样，导体中也有着阻碍电流流动的力量。

白炽灯内的灯丝极度纤细且呈螺旋状，若将灯丝拉成一条直线的话大概有 1m 的长度，若是连接了外部电源供应了电能，电流就会随着细长的灯丝流动，此时电能的 95% 都会释放出热量，剩余的约为 5% 的电能用来发光，这样灯丝就被加热到约 2500℃ 的高温，一般的丝线是无法承受这种温度的，因此很快就会被烧成灰烬或是在中间断裂开来。

爱迪生发明的白炽灯

“发明大王”爱迪生最初在发明白炽灯的时候因为这个问题失败了超过数千次，但是最终他用碳化处理过的棉线制作灯丝取得了成功。目前灯丝大都是用钨丝来制作的，钨的熔点约为3300℃，比发出亮光需要的2500℃的温度要高，所以耐久度也要比碳化的棉线灯丝好。

但是如果灯泡用得过久的话，钨丝就会与进入灯泡内的氧气结合，出现蒸发于空气中的现象，从而形成黑色的灰附着在灯泡的内侧，这被称为“黑化现象”。如果黑化现象持续发生的话，灯丝就会越变越薄，最终就会断裂，灯泡的寿命也就会因此而结束。

因此，为了克服白炽灯这种发光效率低、灯丝易断的缺点，人们研制并开始使用日光灯。

日光灯与白炽灯不同，它是没有灯丝的，在日光灯密闭的灯管中注入汞和氩气，并在内壁涂上荧光物质。通电后，灯管内气体间就好像发生了小的闪电一般，会产生放电的现象，从而产生紫外线，当紫外线和荧光物质发生碰撞时就会发出我们看到的白光，不同的荧光物质会产生不同的色彩。因为发光方式的差异，日光灯的发光效率会更高，其使用寿命也会超过白炽灯。

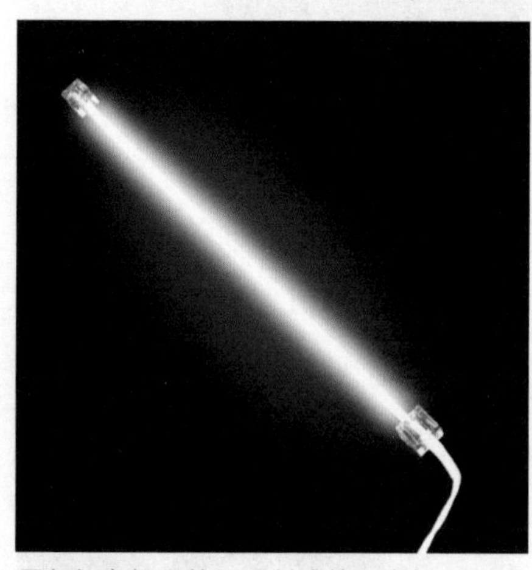

用与闪电相同的原理制成的日光灯

开心课堂

自由电子和原子核碰撞的秘密

●●电能公式

流经导线的电流会产生热量或者使电动机运转起来，像这种电流做功的能力被称为电能。电能可以通过下面的公式来计算，电能的单位和势能、动能的相同，都是J（焦耳），电压的单位是V（伏特；用字母U代表电压），电流的单位是A（安培；用字母I代表电流）。

$$电能 = 电压（U）\times 电流（I）\times 时间（s）$$

举例来说，当1V的电压以1A的电流流过1秒的时候，此时的电能就是1J。

●●电流流过时导线发热的原因

当电流流经导线的时候就会发热，这是为什么呢？想要知道这一点的话，我们得先来看看金属导线里移动的电子的活动。金属导线由金属原子构成，金属原子中有很多远离原子核，能够轻松活动的电子，被称为自由电子，金属之所以比其他物质更容易导电也是因为这些自由电子的存在。

给导线通电的话，这些自由电子就会开始活动，但它们的活动并不是直线进行的，因此这些电子会不断地碰撞位于金属原子中心的原子核。

因为自由电子和原子核的碰撞而发热的金属导线

一般的自由电子在 1 秒的时间内可以撞击原子核 1 兆次左右，这个冲击力度很不一般吧？因此导线也就不得不发热了，所以当导线内有电流流经时导线会发热的原因就是电子的碰撞，此时产生的热量可以称为“发热量”，导线内被供给的电能越多，发热量也就越多。

因为这样的原因，白炽灯内的钨丝才升到了足足 2500℃的高温，也是因为这个原因，形成钨丝的钨原子才会和氧气产生化学反应，最终蒸发，从而导致灯丝变薄甚至最终断掉。

●●电阻产生的原因

前面已经提过当自由电子移动的时候会碰撞到原子核，因而才会产生热，也就是说原子核成了电子移动的绊脚石。这就涉及了电阻，电阻就是物质阻止电流流动的能力。

不同物质的电阻是不同的，构成物质的原子核排列得有多紧密，自由电子和原子核之间碰撞得有多频繁，这些都造成了电阻的不同。我们可以用下面这个简单的公式来进行表达，此时电阻的单位是Ω（欧姆），电压的单位是V（伏特），电流的单位是A（安培）。

$$电阻（R）=\frac{电压（U）}{电流（I）}$$

举例来说，在1V的电压下，当导线内有1A的电流流过时，此时的电阻就是1Ω。

另外，即使对于电阻相同的物质来说，当物体的形状不同时，电阻也会发生改变，电阻和物体的长度成正比，和横截面面积成反比。举例来说，虽然同为铜导线，导线A的长度比较长，横截面面积比较小，而导线B的长度比较短，横截面面积比较大，那么导线A的电阻就大于导线B的电阻。

换个角度来说，比较短而粗的管子会比较长而细的管子更容易让水流通过，其实道理是一样的。

因电阻小而让电流容易通过的物体就是导体，银、铜、铝等金属类物质都属于导体；而因电阻大很难让电流通过的物体是非导体，因为它们能阻挡电流的经过所以又被称为“绝缘体”，瓷器、橡胶、玻璃、合成树脂等都属于绝缘体；另外有条件地让电流通过的是半导体，这些多半用于电脑等电子产品中。

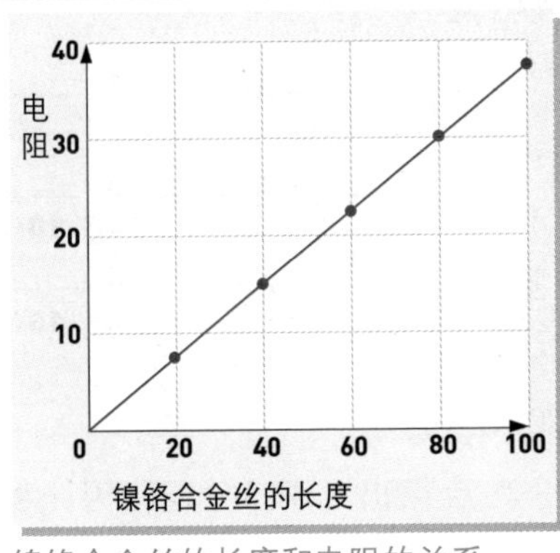

镍铬合金丝的长度和电阻的关系

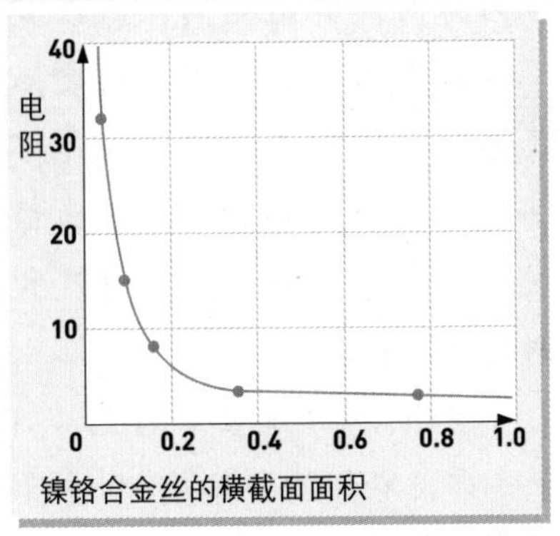

镍铬合金丝的横截面面积和电阻的关系

科学抢先看

关于电能的叙述型问题

电阻为 2Ω 的导线在 40s 内流经了 2A 的电流，此时消耗的电能有多少？

因为“电能 = 电流 × 电压 × 时间”，而“电压 = 电阻 × 电流”，因此首先计算出电压，电压 =2Ω×2A=4V，

这样的话，电能 =2A×4V×40s=320J。

下图中如果三个杯子中的水量相等，但各自安装了电阻值不同的镍铬合金丝，水煮开的时候可以看到温度的变化。通电后，A、B、C 中哪一个杯子中的水会最先煮开？

A 中的水最先煮开。

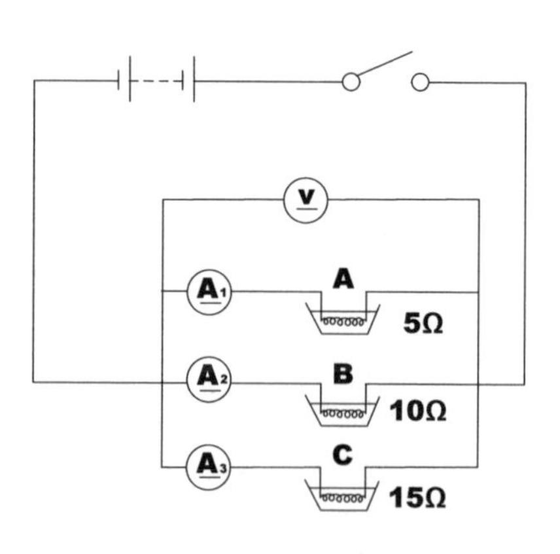

由于发热量和电能成正比，而“电能 = 电流 × 电压 × 时间”，此时因为时间的值相同，所以就可以不计算在内，这样的话只要知道各镍铬合金丝中流过的电流是多少，就可以比较发热量了。因为都是并联，所以导线中流经的电流和电阻的倒数成正比。

因此，A : B : C=1/5 : 1/10 : 1/15，

乘以它们的公倍数 30 进行通分之后得出 6 : 3 : 2，因此发热量最大的 A 里的水是最先煮开的。

▶▶ 电生磁

电流的周围也存在磁场吗

闪电也带有强大的电流，因为实在是太强烈了，所以我们才会躲避闪电。

假设 即使没有受到闪电的袭击，指南针或无线电发射机同样发生了故障，那我们该对什么产生怀疑呢？好，让我们一起来看看电流周围的磁场吧！

生活中的物理故事 1

为什么有闪电指南针就会出故障

2005 年 8 月的一天，法国航空公司的 A340 飞机从法国巴黎飞到了加拿大的多伦多。但在飞机着陆的一刹那，机舱内突然停电了，飞机冲

出了跑道，一头栽进沟里，飞机机身断裂并燃起了大火。由于当时天气恶劣，有雷暴出现，是因为强烈的闪电击中了飞机，才导致飞机停电，发生了事故。

但幸运的是飞机上的乘客全部安全脱险，并没有造成人员伤亡。日后人们检查故障原因时，发现遭到闪电袭击的飞机指南针也发生了故障。

为什么有闪电，好好的指南针就会出故障不能使用了呢？

这是因为闪电带有强大的电流，而电流流经地的周围会产生如同一块磁铁产生的效果，这个效果所影响的范围就被称为磁场，简单来说，就好像磁铁的周围能够产生磁场一样，电流的周围也会产生磁场。正是这个强大的磁场干扰甚至是破坏了指南针，使其无法正常工作。

最早发现这一现象的人是丹麦物理学家奥斯特，是奥斯特在做

实验的过程中偶然发现的，他发现当导线通过电流时，放在旁边的磁针发生了偏转。

他疑惑着是不是有电流经过的地方指南针就会产生这一现象，于是他又继续做了多次实验，最终证实了电流的周围存在着磁场。就这样，奥斯特成了世界上第一个发现电与磁之间拥有联系的人。他还将这一研究结果整理成论文，向世人公布了电和磁之间密切的关系，从而把电学和磁学联系起来。

开心课堂

电流的周围也有磁场

●●磁场和磁感线

磁场指的是磁铁或有电流通过的导线周围存在的一种特殊物质，它是传递磁力的介质。当在磁场的任意一点放置了指南针之后，指南针的 N 极所指的方向就是磁场的方向。

磁场的强度就是磁场中磁针的 N 极所受到的力的大小，离磁铁的磁极或电流流过的导线越远，磁场的强度就越弱。

指南针和磁场的方向

将指南针放在磁场之中，随着磁针 N 极所指的方向，连续相连的线被称为磁感线。可以说磁感线是显示出磁场模样的假想线，如下页图所示，一般来说磁感线的方向与磁场中磁针的 N 极所指的方向一致，从磁铁的 N 极出发，回到 S 极，磁感线永远是闭合的。

指南针的磁针之所以会指向南北，是因为地球本身就是一个巨大的磁场，我们称之为“地磁场”。不过，地理上的北极是地磁场的 S 极，而地理上的南极就是地磁场的 N 极。

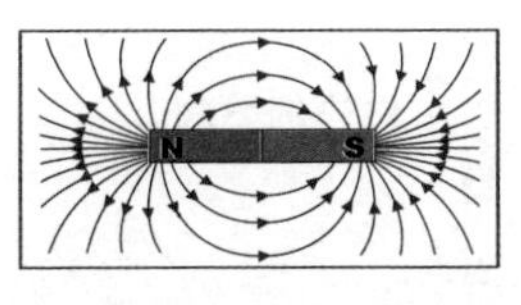

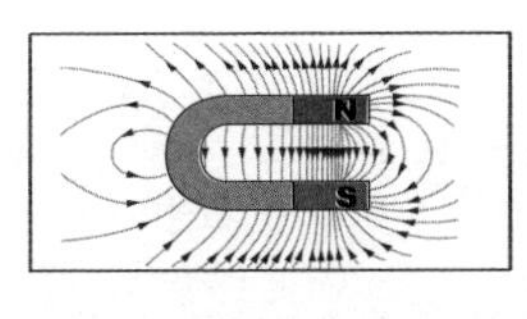

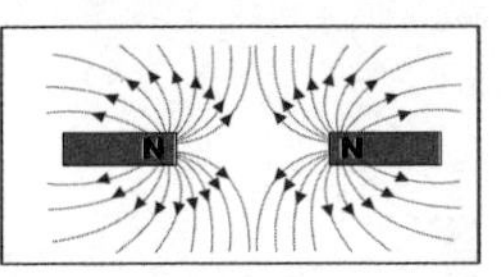

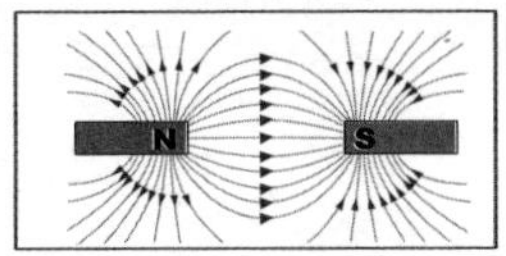

不同类型磁铁的磁场分布

地磁场

●●直导线周围的磁场

当把指南针放置在有电流流过的导线周围的时候，指南针的指针之所以会动，就是因为导线周围形成的磁场和指南针的磁场之间产生了相互作用，此时指南针的指针就会因此旋转起来。如右图所示，如果此时的导线为直线，那么在导线的周围将产生圆形的磁场。导线中通过的电流越大，产生的磁场就越强。如果改变电流的方向，那么磁场的方向也会发生改变。

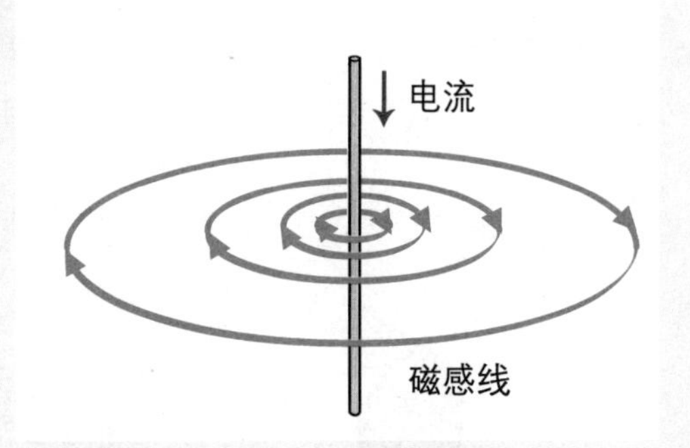

直导线周围产生的磁场

用简单易懂的图来表示就是下页图的样子，有个叫安培的法国科学家发现如果用右手握住导线，让大拇指指向电流的方向，那么其余四指指向的方向就是磁场的方向，我们将此称为“安培定则”。

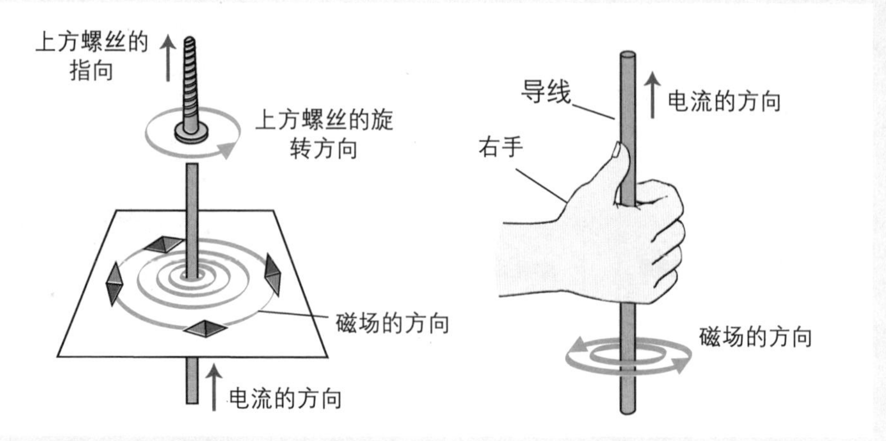

直导线周围磁场的方向

●●圆形导线周围的磁场

如果导线被折成一个圆的形状，那么电流也是进行圆形流动的，此时的磁场又会变成什么样子呢？

其实，这和直线流动的电流周围产生的磁场方向是相同的，我们只要将圆形电线的各个部分考虑成直导线，将各个直导线所产生的磁场方向相连就可以了，通过下图可以方便大家理解。

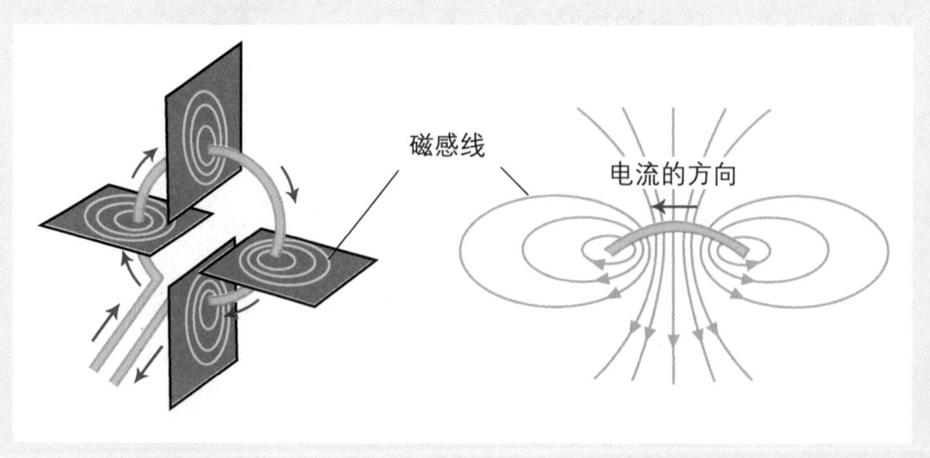

圆形导线周围产生的磁场

●●电磁铁的制作原理

前面已经说过有电流流过的螺线管会产生磁场，那么，如果在螺线管中放入铁芯的话会变成什么样子呢？

请看下图，当我们将铁钉放入有电流经过的螺线管里时，就会发现铁钉能吸引其周围的铁片，这是因为此时铁钉已经变成了磁铁。用相同的方法制成的磁铁叫“电磁铁”，电磁铁往往能够产生较高的磁场，不过只有在电流流过的时候电磁铁才具备磁铁的性质，没有电流流过的时候它是不具备磁铁性质的。

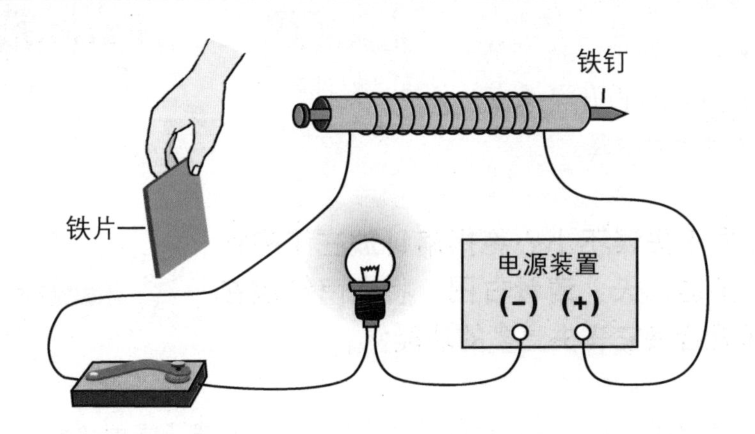

电磁铁的原理

科学抢先看

关于电流周围的磁场的叙述型问题

虽然相同的螺线管内流过了相同的电流，但是比起内部中空的螺线管来，中间放有铁芯的螺线管形成了更为强大的磁场，这是为什么呢？请简单画图说明。

如下图所示，放有铁芯的螺线管形成了更多的磁感线，这是因为铁芯被通电螺线管的磁场磁化，也变成了一个磁体，这样由于两个磁体叠加，从而使螺线管的磁性大大增强。

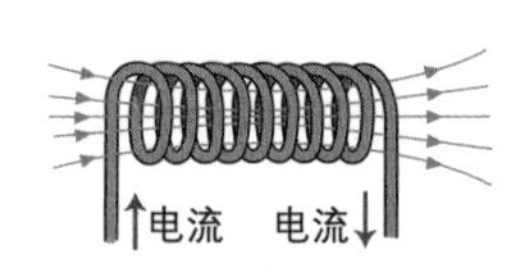

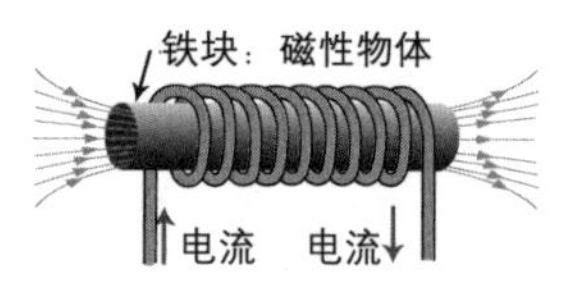

螺线管和电磁铁的磁感线

由于失误不小心将指南针放在了磁铁旁边几天，请看右图，将指南针放在哪个位置会使它丧失更多的功能？

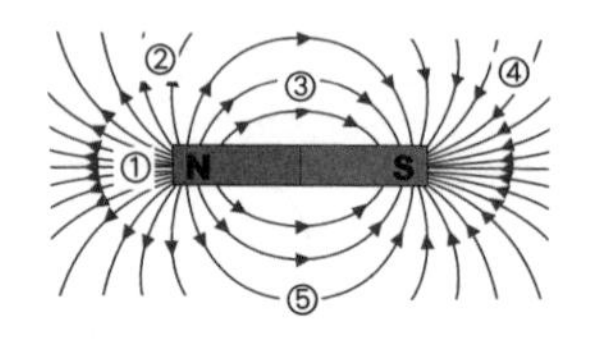

答案①，磁铁中磁场最强的地方就是磁感线最多的两极。

据你所知，在我们的周围有什么东西利用了电流产生磁场的原理。

利用磁场能够吸引铁的性质的东西有大门前的门铃、百货公司的自动门等；利用磁极之间相互吸引以及相互排斥的性质的东西有电动机、磁悬浮列车、扬声器等；利用电流经过时会让物质磁化这一性质的东西有可以记录数据的电脑磁盘等。

▶▶ 磁生电（电磁感应现象）

磁可以产生电吗

磁和电之间有着极其密切的关系，因为电可以产生磁，而磁也可以产生电流。

假设 交通卡里的感应螺线管或者半导体芯片被损坏，结果会怎么样呢？在学习过电磁感应现象之后，这个问题就不难理解了。

生活中的物理故事 1

交通卡是通过什么原理工作的

在韩国，人们乘坐公共汽车的时候，除了使用现金之外，还曾有过类似硬币的代币或多次券这样的乘车券，当然现在大部分的人都开始使用交通卡了。因为使用交通卡很方便，而且还可以打折，所以使用的人数在不断上升。使用交通卡需要提前在卡里充值，当乘坐公共汽车或地铁的时候只要将交通卡放置在终端机上，就会自动计算出使用的金额。

如果仔细观察交通卡就会发现它和一般的信用卡是有区别的，交通卡上并没有信用卡上那条黑色的磁条。交通卡是比信用卡还要高一级的无触点卡，在交通卡里内置了半导体芯片，交通卡之所以会采取这种无触点的方式就是因为这种方法的计算速度要比磁条式的信用卡快得多，因为使用交通卡的时候，并不需要像信用卡那样每件事都要签名确认，只要当下能够计算出来就可以了。

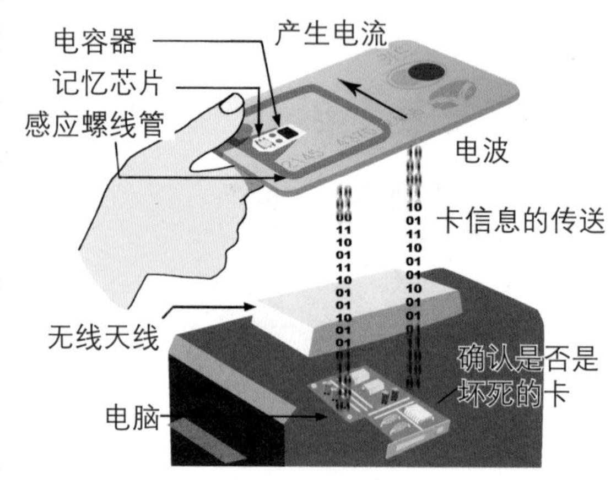

不仅如此，内置芯片还不容易损坏，并且几乎不可能被伪造。而之所以交通卡能使用这样的方式，就是因为交通卡是一种无线电发射装置，它可以和终端机的天线实现双向的无线通信。

识别交通卡的地铁检票口的或公共汽车上的交通卡识别终端机会一直发出电波，当交通卡距离终端机大概 10cm 距离的时候，电波就会和卡内内置的感应螺线管发生反应，产生足够量的电并存储在电容器上。

交通卡的半导体芯片会利用这个电将芯片内存储的信息以无线的方式传递到检票口的天线上，检票口的电脑在确认过交通卡是否为停止使用的交通卡后，就会打开检票口的门，地铁公司和公共汽车公司会在收集这些信息的过程中收取费用。

但是交通卡中并没有电池，它是如何产生电波的呢？要产生电波的话，必须要有可以供应电的电源，而这隐藏的秘密就在卡内内置的半导体芯片中。这块芯片起着超迷你自动发电装置的作用，会自动产生电，而交通卡之所以能够自动发电就是因为电磁感应现象。

生活中的物理故事 2

游乐场的高空降落机是怎么停下来的

在高层建筑里乘坐高速电梯，当我们上升的时候就会有一种体重加重的感觉，而当我们下降的时候则会有一种体重减轻的感觉，这是由于地球重力作用的关系。但是请大家想象一下，若是悬挂电梯的绳子突然断了，电梯就会以极快的速度下降，那样的话电梯里的人就会感觉自己的体重逐渐减轻，到最后会几乎感觉不到自己的

体重，此时我们就会体验到失重的感觉。游乐场里的高空降落机就是利用这一原理制成的。

平时我们的身体会受到向下的重力，以及大地或建筑物地面将我们往上推的垂直阻力，但是如果我们乘坐高空降落机往下自由落体的话，托住我们的椅子和我们身体的所有重力都会往同一个方向运动，此时垂直阻力会消失，因此我们就会在瞬间有一种好似悬浮在空中的失重状态的感觉。

但是高空降落机并不会无限制地向下掉落，只有在某一个瞬间停止降落才能防止碰撞到地面而给人们带来伤害。为此高空降落机上都会安装刹车装置，不过如果像汽车那样利用摩擦力刹车的话，长期使用就会造成磨损，从而导致最终不能使用。此外，如果使用电磁铁，万一突然停电就可能会产生无法让机器停止的状况。

因此高空降落机使用了一个非常特别的方法，那就是利用电磁感应现象，在科学上被我们称之为“涡流”，后面我们会给出更为详细的说明。

利用涡流的例子其实比我们想象中的要多得多，例如公寓里电梯停止的时候、电磁炉加热的时候，还有如右图中的健身器材都会使用到。

开心课堂

开启电气化时代的伟大发现

●●法拉第持之以恒的研究

发现电磁感应现象的科学家是英国的物理学家法拉第，他通过长达 10 年持之以恒的研究和实验，终于发现了利用磁场产生电流的条件和规律。法拉第之所以能够如此坚持地进行研究，就是因为他相信既然通过电能够产生磁，那么也能通过磁而产生电。多亏了他的发现，我们才能利用这一原理发明出了发电机，从而使人类进入了电气化时代，让现如今的我们也享受到了电带来的便捷。

●●磁场中电流的受力方向

若是将磁铁 N 极和 S 极的方向改变，或将电流的方向改变，那么通电导线的受力方向也会发生改变，通电导线的受力方向与磁场的方向、电流的方向垂直。

为了将其简化，科学家们使用了很多利用手指的方法，虽然这其中的方法有很多，但下图所示的“左手定则”最广为人知。这

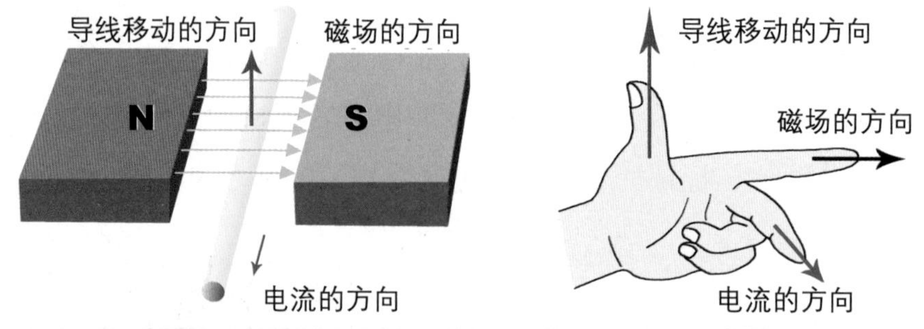

用左手表示通电导线受力方向的方法

种方法是把自己左手的三个手指展开，让拇指、食指和中指相互垂直，然后食指向磁场的南北极，中指指向电流的方向，则大拇指所指的方向就是导线移动的方向。

●●磁场中电流的受力大小

在磁场中，有电流流过的导线的受力大小与电流的强弱成正比，另外即便电流的强度相同，若是使用强度较大的磁铁，导线看

起来就会移动得比较快，由此可知，磁场强大时，导线受到的力也会比较大。

当电流的方向和磁场的方向成直角时，导线的受力大小是最大的，而当这两个方向平行时，导线是没有受力的。如果我们将磁场看成是水流，将导线看成是木棍的话，我们就能很轻松地理解导线受力的大小了。

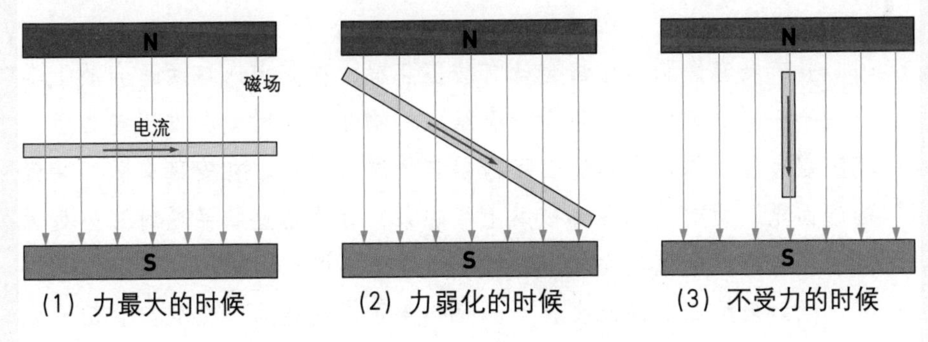

根据电流和磁场方向而有所不同的力的大小

科学抢先看

关于电磁感应的叙述型问题

图书馆的防盗装置是根据什么原理工作的？

书店或音像制品店都会设有防盗装置，在其出入口两边会放上类似柱子一样的东西，当带着没有结账的物品通过时就会发出警告音。其防盗装置的原理和地铁自动检票口的原理相似。在安装有防盗装置的店面里，所有的物品都被贴上了磁条，如果这些物品通过防盗装置就会产生感应电流从而发出警报，如此就能抓住小偷了。

但如果结账后再出去就不会有响声了，这是为什么呢？这是因为结账的时候会将商品上的磁条去除掉，或让磁条的磁性消失。当我们用磁铁摩擦铁棒的时候，铁棒就会产生磁性，一边会变成N极，而另一边则会变成S极，此时如果用一块与铁棒磁性相同的磁铁，将铁棒的N极变成磁铁的S极，将铁棒的S极变成磁铁的N极，那么铁棒的磁性就会消失，这里使用的就是这一原理。

如图所示，如果将该实验装置的开关合上，马蹄形磁铁内部的铝棒的受力方向是哪一边？

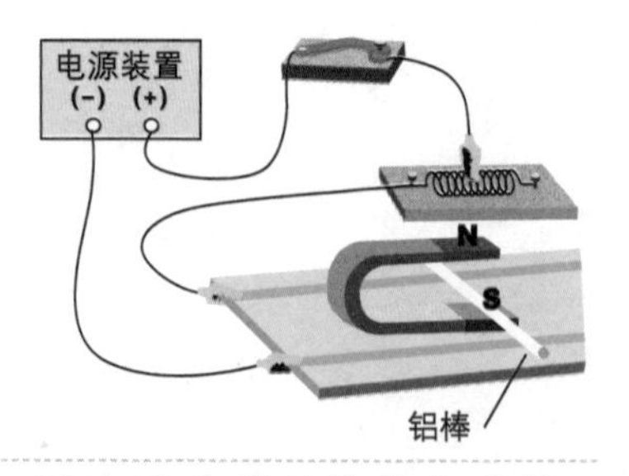

如图所示，因为电流是从正极向负极流动的，所以电流的方向是从a到b。因为马蹄形磁铁的上方是N极，下方是S极，所以磁场的方向就是从上到下。因此根据左手法则就能得出铝棒的受力方向是向右的。

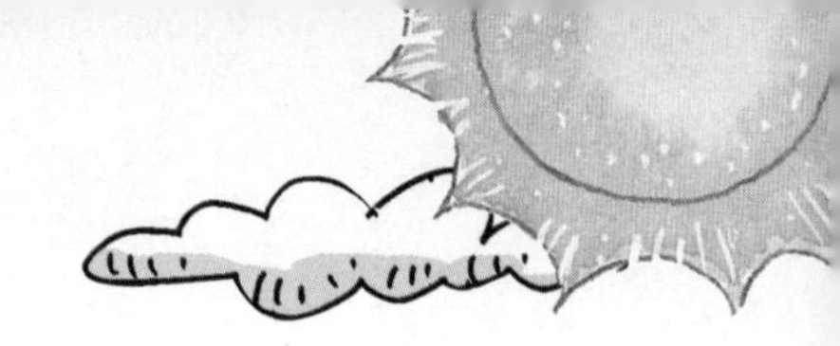

势能
动能